序

　此度、「切手にみる病と闘った偉人たち」を上梓する運びとなりましたのは、望外の喜びです。医学をはじめとした科学の進歩の背景の一端を、多くの人々に興味を抱いていただくことは、医師の視点で捉えれば、病気に纏わる諸問題に関心を深めるきっかけともなり、もたらす効果は計り知れないものです。しかし、通り一遍の紹介の物語では、門外漢の方々にとって、医・科学の領域に足を踏み込むのは至難なことです。

　そこで、医・科学とは全く別の世界の人達、しかも歴史上よく知られた人々をストーリーの展開に絡ませることで、医・科学の世界に少しは溶け込みやすい環境を整えることができるのではと考えました。さらに、関連した人物が描かれた切手という媒体を通して物語に接することは、多くの人々に親しみやすくし、興味を抱いていただく上でも有効ではと愚考し、「切手にみる病と闘った偉人たち」を編んでみました。ここでとりあげた一人、フランクリン・デラノ・ルーズベルト大統領の夫人で社会運動家のエレノア・ルーズベルトは、"いつも好奇心をもちつづけることです。どんな理由があっても、決して人生に背を向けてはいけません"としたためています。本書に登場する人々の多くは、旺盛な好奇心で人生を歩み、功なり名を成し遂げたと言えます。

　物語の綾をこのような形で織りなすヒントになったきっかけは、今から約20年以上も前、マイケル・ブリス著"インスリンの発見（原題：The Discovery of Insulin）"がまだゲラ刷りの段階で、翻訳を依頼されたことに求められます。著者のマイケル・ブリス氏はカナダ・トロント大学の歴史学の教授で、私が留学していた同大学医学部生理学教室およびバンティング＆ベスト研究所の教授シレック夫妻と親しく、同じチェコスロバキア出身でした。シレック教授夫妻はブリス教授の調査、執筆を通して貴重な助言をなさってみえたばかりか、インスリン発見でバンティング博士に協力して陰の力となったベスト博士の愛弟子でした。この誼（よしみ）で、私に翻訳を依頼された訳です。1992年に「インスリンの発見」として朝日新聞社から刊行されましたが、翻訳の段階で興味深い逸話に触れました。原著で

は僅か数行ですが、要約すれば"トロントの新聞、スター紙の記者がインスリン発見の一大スクープを逃し、その記者こそは後にノーベル文学賞を受賞するアーネスト・ヘミングウェイで、パリでの作家修業とトロントでの新聞記者という二足草鞋で、多忙なことが原因"としたためられています。ヘミングウェイに関して幾多の著書を繙いていくと、① パリでの作家修業の師匠はハーバード大学とジョンズ・ホプキンス大学で心理学と医学を学び、パリ定住の批評家、作家として尊敬を集めていたガートルード・スタイン、② 彼の父親が産婦人科医で糖尿病を患い、ピストル自殺、弟も糖尿病で猟銃自殺、そしてヘミングウェイ自身も糖尿病と高血圧に悩まされ、猟銃自殺で亡くなり、血統すなわち遺伝因子の恐ろしさなど、運命の不思議さに興味のそそられる背景です。秀でた文章家ならば、医・科学の発見、発展に纏わる背景を文章力のみで物語を編み、人を魅了して止みませんが、登場人物に関わる切手を導入することで、足らない筆致を補ってみました。

　ここに用いられた切手は全て、私自身の収集の中から選んでみました。収集歴は長く、小学校に入学する前からで、中断は時々あったものの現在に至る迄続いています。切手収集の面白さの一つは、切手に描かれた内容の追究にあります。

　例えば、本書の"糖尿病治療、インスリンの発見 ─一大スクープを逃したヘミングウェイ"で採用したカナダから発行されたバンティングの切手で彼の肖像の背景に描かれているのは、① 1920年10月31日付実験ノートの一部でバンティングのアイデアをしたためた頁、② 実験助手をつとめたベスト、③ 二人で作製して、インスリン治療で75日間生き長らえた除膵犬マージョリ、そして ④ インスリン注射器です。

　また、"「精神分析学」と「分析心理学」との訣別 ─精神分析で癒されたマーラー"に採用したイスラエルから発行されたマーラーの切手は、彼の肖像と共に ① 彼が作曲した交響曲第2番「復活」の第4楽章の一節、② 復活を示唆する荘厳な光、③ 切手のタブには彼のサインが印刷されています。切手収集は"趣味の王様"と言わ

れるだけあって、アプローチ次第では奥が深く、一枚の切手から知識が広がる楽しみがあります。

　ここに採録された原稿1〜23の23編は、雑誌「新薬と治療」に2001年（No.428）から2004年（No.451）にかけて掲載されたものに、一部加筆訂正したものです。此度、そこへ新たに"内分泌学"、"眼科学"関連の2編を書き下ろしました。当初は"公衆衛生"、"脳外科"、"放射線"、"産婦人科"、"感染症"、"看護学"などにも触れようと意気込んでいましたが、機会があればしたためてみたいと思っています。

　また、オリジナル原稿では、執筆に際して参考にした資料が採録されていませんでしたが、主な資料に限って人名索引と共に本書では、新たに掲載させていただきました。本書を繙かれて、更に詳細を知りたい方々の便宜になればと願っています。参考資料として本文には掲げませんでしたが、全体を通し折に触れて参考にさせていただきました著書には、① 古川明著：切手が語る医学のあゆみ、医歯薬出版、1986.　② 山田風太郎著：人間臨終図鑑、筑摩書房、1986.　③ デイヴィド・クリスタル編、金子雄司、富山太佳夫 日本語版編集主幹：世界人名辞典、岩波書店、1997.　④ ノーベル賞人名事典編集委員会：ノーベル受賞者業績事典、日外アソシエーツ、2003. がありますことを附記させていただきます。繙かれた方々にとって、本拙書が、何らかの形でお役に立てればと願っています。

　最後になりましたが、これら原稿を雑誌「新薬と治療」に掲載並びに此度の出版にご尽力をいただきましたアステラス製薬（当時山之内製薬）の平岩廣章、小林正和、大木孝仁、瀧川学の各氏、および"新薬と治療"編集担当の阿部優子、川本昌子の各氏、そして此度本書刊行に御助言いただいたライフサイエンス出版の米川彰一氏に厚く御礼申し上げます。

平成18年9月吉日

堀田　饒

目 次

序 ……………………………………………………… ii

1. 化学療法、ペニシリンの発見
   ——チャーチルとの関わり ………………………… 2

2. 糖尿病治療、インスリンの発見
   ——一大スクープを逃したヘミングウェイ ……… 4

3. 「精神分析学」と「分析心理学」との訣別
   ——精神分析で癒されたマーラー ………………… 6

4. 近代病理学の夜明け
   ——政敵は鉄血宰相ビスマルク …………………… 8

5. 近代外科学における甲状腺手術の進歩
   ——心を癒し癒されたブラームス ………………… 10

6. 外科麻酔の発展と進歩
   ——貢献大きいヴィクトリア女王 ………………… 12

7. 病気予防の最初の術、種痘の発見
   ——ナポレオンも称えた偉大さ …………………… 14

8. 薬剤開発に寄与した結晶X線学のパイオニア
   ——学び教えられた鉄の女サッチャー …………… 16

9. 輸血療法・法医学の発展に貢献大きい、血液型の発見
   ——科学より情に負けたチャップリン …………… 18

10. わが国に西洋医学を開花させた先駆者たち
    ——夢を挫いたペリー提督 ………………………… 20

11. 血管外科と臓器移植のパイオニア
    ——機械工学の知識を生かしたリンドバーグ …… 22

12. 生命に不可欠な微量栄養素、ビタミンの発見
    ——ノーベル賞を逸した鈴木梅太郎 ……………… 24

13. 合成ワクチンへの道を拓いたポリオとの闘い
    ——ポリオを克服したルーズベルト ……………… 26

14. 客観的診断を可能とした聴・打診の発明
　　—村人に診断されたショパン ……………………………… 28

15. 身体機能を機械の言葉に翻訳した心電計の発明
　　—心臓病学の発展に貢献大きいアイゼンハワー ………… 30

16. マラリアの原因と治療薬の探求
　　—ルイ14世を虜にした秘薬 ………………………………… 32

17. 「海のペスト」壊血病とビタミンCの発見
　　—万能薬としたポーリング ………………………………… 34

18. 近代微生物学の道を拓いた偉大な先駆者
　　—細菌学に終生拒否反応を示したファーブル …………… 36

19. 近代の「精神病学」と「神経病学」の誕生
　　—病的心理を内面から描写したモーパッサン …………… 38

20. 近代生理学の夜明けと実験医学の創始
　　—感化された文豪ゾラ ……………………………………… 40

21. 白いペスト、結核との闘い
　　—夭折を余儀なくされた樋口一葉 ………………………… 42

22. 進化論を軸に発展した生物学と遺伝学
　　—自然界の現象を神から解放したダーウィン …………… 44

23. 生命科学への道、DNAの発見
　　—科学の発展に関心を抱いたダリ ………………………… 46

24. 「体液病理学説」から変遷と発展の「内分泌学」
　　—ケネディを蝕んだアジソン病 …………………………… 48

25. 眼科学に進歩をもたらした検眼鏡の発明と白内障の手術
　　—糖尿病と白内障に苛まれたド・ゴール ………………… 50

　　人名索引 ……………………………………………………… 53

表紙挿画／堀田　饒

切手にみる病と闘った偉人たち

化学療法、ペニシリンの発見
——チャーチルとの関わり

ヒットラー率いるドイツ軍がヨーロッパ大陸の西部戦線で軍事行動を起こし、第二次世界大戦が始まった。1940年5月10日のことで、同日、ウィンストン・チャーチルはイギリスの首相に就任し、唯一国でドイツに対峙すべく祖国を率いて立った。時に65歳。

同じ頃、イギリスのオックスフォードではハワード・ウォルター・フローリー率いるオックスフォード・チームが戦場で死に瀕した多くの負傷兵を救うことになるペニシリンの効果を、今まさに動物で試そうとしていた。1940年5月25日と27日に分けて始まったマウスの実験は、何週間もの骨の折れる、消耗著しい仕事であった。フローリーは、やつれはしたが得られた成果に喜びをかみしめ、スタッフ一同に感謝を述べ、「本物の化学療法としてペニシリンを発見した」と断言した。成果は「化学療法剤としてのペニシリン」としてまとめられ、雑誌『Lancet』の1940年8月24日号に載った。オックスフォード・チーム、すなわちペニシリン・チームの主なメンバーは、オーストラリアからイギリスに来た病理学者ハワード・ウォルター・フローリー、ドイツ生まれの生化学者エルンスト・ボリス・チェイン、ケンブリッジの生化学者ノーマン・ヒートリー、そしてペニシリンの臨床試験で献身的に働いたオーストラリア人でフローリーの妻エセルであった。

フローリーのチームが精製したペニシリンが患者に初めて投与されたのは1941年1月、手持ち量の不足からか効果は今ひとつはっきりしなかった。戦場でペニシリンが初めて用いられたのは1942年8月17日エジプトで、31歳の負傷兵であった。効果はすぐ現れ、「膿の出る量が減る。臭いのいやらしさも減った」と治療日誌に記されている。戦争が激しさを増すにつれ、チャーチルはペニシリンの大量生産をオックスフォード・チームに強い、アメリカとの協力態勢の構築を強く促した。アメリカの参戦と相前後し、イギリス、アメリカの製薬業界がペニシリン生産に本腰を入れだした。

戦争が連合軍の勝利に終わることが明らかとなった1943年12月11日、チャーチル、ルーズベルト、スターリンはテヘランで合議を開き、その帰途チャーチルは重い肺炎に罹患した。チャーチルは奇跡的に回復し、ペニシリンの効果と噂が広がったが、用いた薬はサルファ剤であった。

ペニシリンの発見はアレキサンダー・フレミングと広く知れ渡っている。ロンドン病院で、風邪に患ったフレミングのくしゃみがバクテリア培養プレート上に変化をもたらしたのを、鋭い観察眼の彼が見落とさなかったことに、ペニシリン発見の物語が始まった。1922年のことである。1928年に青かびとの出会い、1929年にバクテリアの成長阻止能を持つかび、ペニシリウム・ノタトウムの研究へと発展し、効力がかびのジュースにあることを突き止め、フレミングはペニシリンと名づけた。1929、1932年と活性物質の抽出に失敗したフレミングはペニシリンの研究から遠ざ

●ハワード・ウォルター・フローリー（1898-1968）
1995年にオーストラリアから発行された"オーストラリア人による医学の発見"シリーズの4種類のうちの一つで、フローリーの肖像、培養器中の青カビ、ペニシリンの結晶が描かれている。
（Scottカタログ 461D, A488／原寸の1.41倍）

●アレキサンダー・フレミング（1881-1955）
1975年にマリ共和国から発行された偉人シリーズ切手5種類のうちの一つで、フレミングの肖像、顕微鏡と実験器具、白血球が描かれている。（Scottカタログ C261, AP105／原寸の1.1倍）

●ウィンストン・チャーチル（1874-1965）
1965年にイギリスから発行された"チャーチル哀悼"の切手2種類のうちの一つで、チャーチルの肖像が描かれている。
（Scottカタログ 421, A173／原寸の1.66倍）

かった。粗製の「かびのジュース」を病気の動物に注射する実験までたどりつかなかったことが、フレミングをしてペニシリンの潜在能力の発見に導きえなかった。

闇に葬り去られかかった仕事に光をあて、解決の糸口を見いだしたのがフローリーとチェインで、1938年にペニシリンに目標を定めて研究に着手した。ノーベル賞に通じる道を一気に駆けのぼり、1945年のノーベル生理学・医学賞がフレミング、フローリー、チェインの3名に授与された。仲間同士、科学者間でノーベル賞を目指した相克は激しかった。ペニシリン発見と臨床応用に果たしたフローリーの存在は大きく、チャーチルの進言により1944年に国王ジョージ6世からナイトの称号がフローリー教授に授けられた。

1953年にノーベル文学賞を受賞したチャーチルは1965年に脳卒中で倒れ、90歳で栄光と波乱に富んだ生涯を閉じた。「何もかもが退屈だ」が最後の言葉となった。

[参考資料] 1) レナード・ビッケル著、中山善之訳：ペニシリンに賭けた生涯―病理学者フローリーの闘い―．佑学社、1976. 2) P・アコス、P・レンシュニック著、須加葉子訳：現代史を支配する病人たち．新潮社、1978. 3) ハンス・バンクル著、澤田淳子ほか訳：天才たちの死―死因が語る偉人の運命―．新書館．1992. 4) 河合秀和著：チャーチル．中公新書、中央公論社、1998. 5) 竹内均編：科学の世紀を開いた人々（下）．ニュートンプレス、1999. 6) マイヤー・フリードマン、ジェラルド・W・フリードランド著、鈴木邑訳：医学の10大発見―その歴史の真実―．ニュートンプレス、2000. 7) ジョン・マン著、竹内敬人訳：特効薬はこうして生まれた．青土社、2002.

糖尿病治療、インスリンの発見
——一大スクープを逃したヘミングウェイ

　1919年1月21日付けのシカゴ・イブニング・アメリカン紙は「イタリア戦線で負傷した最初のアメリカ人、アーネスト・ミラー・ヘミングウェイ氏に武勲銀章と戦功十字章がイタリア国王から授与された」と報じた。帰国後、定職につかない長男アーネストの行く末を両親が心配していた矢先、カナダのトロント・スター紙の駆け出し記者になったのは1921年1月のことだった。

　カナダのトロント郊外のロンドンという小さな町で、流行らない外科の開業医フレデリック・グラント・バンティングは暇をもて余していた。医学専門雑誌に目を通していて、「膵臓結石症例と深い関連を持つ糖尿病へのランゲルハンス島の関与」という題目の論文に釘付けになった。それは1920年10月30日のことだったが、論文の内容、自分の不幸な境遇、借金返済と気がかりなことばかりが頭をめぐり、眠れない夜だった。午前2時頃、一つの考えが浮かび、アイディアを書き留めた。それからのバンティングのとった行動は素早く、11月7日にトロント大学医学部生理学教授ジョン・ジェームス・リッカルド・マクラウドに面会し、翌年5月17日には犬の実験を医学生チャールズ・ハーバート・ベストと始めていた。

　インスリンの大発見は、多くの国の多くの科学者が何年も要して研究を行って極めた頂点であり、その頂点に最も近かった一人にルーマニアのブカレスト大学生理学教授ニコラス・C・パウレスコがいた。バンティングとベストのインスリン発見に先立って実験が開始されたのが1916年で、インスリンをほぼ掌中のものとしていた。しかし、研究は戦火にさらされて中断を余儀なくされたばかりか、臨床試験もトロントチームに先を越されてしまった。そのうえ、パウレスコのフランス語で書かれた論文をベストが読み違えるなど、度重なる不運に泣かされて、パウレスコの名前と仕事は歴史上から消えてしまった。

　トロント・スター紙記者としてのヘミングウェイの初仕事は、トロント医学界のある有名人へのインタビューであった。産婦人科医である父クラレンス・E・ヘミングウェイ博士への手紙には、「"記事内容の正確さ、適切な医学用語、素晴らしい出来映えの原稿"と編集長に誉められた」と書かれていた。

　度重なる失敗で実験がうまく捗らず、挫けそうになったバンティングとベストであった。化学者ジェームス・バートラム・コリップの力を借りて、粗製の牛の膵抽出物をやっとものにした。膵摘出で糖尿病状態になった犬に、2回に分けて注射した。血糖値が309 mg/dLから51 mg/dLにまで下がった。それは1921年12月21日から22日にかけての実験だったが、バンティングとベストが『インスリン発見』を確信した瞬間であった。更なる膵抽出物の精製が繰り返され、トロントチームは純度の高いインスリンを手に入れた。

　1922年1月23日、トロント総合病院で死に瀕していた14歳の糖尿病患者レナード・トンプソンにインスリン注射が2回、翌日2

●アーネスト・ミラー・ヘミングウェイ（1899-1961）
1989年にアメリカから発行されたもので、アフリカの原野を駆ける動物を背景に、ヘミングウェイの肖像が描かれている。
（Scottカタログ 2418, A1782／原寸の1.62倍）

●フレデリック・グラント・バンティング（1891-1941）
1999年にカナダから"millenniumシリーズ"の一つとして発行された医科学者4種の1枚である。バンティングの肖像を前景に、背景には実験ノートのメモ、チャールズ・ハーバート・ベスト、糖尿病の犬、そして注射器が描かれている。
（Scottカタログ 1822a, A730／原寸の1.05倍）

●ニコラス・C・パウレスコ（1869-1931）
1999年にルーマニアから発行された"20世紀の出来事シリーズ（2次）"の4種の1枚である。右にパウレスコの肖像、左にインスリンの前駆体であるプロインスリンの構造が描かれ、その下に「1921年パウレスコがインスリン発見」と書かれている。
（Scottカタログ 4317, A1189／原寸の1.21倍）

回と計4回打たれた。血糖値が520 mg/dLから120 mg/dLとなり、尿から糖とケトン体が消失した。トロントチームは製薬会社のイーライ・リリー社と提携して、インスリンの大量生産に成功し、死の渕にあった人々の多くの命を救った。一連の功績により、1923年ノーベル生理学・医学賞がバンティングとマクラウドに授与された。相前後して、トロントチーム内で栄誉を競って醜い争いが生じた。一方、ルーマニアの医学界はノーベル賞に値するのはパウレスコと抗議運動を展開した。

1922年から1923年にかけ、トロントの新聞記者たちは受賞の陰に潜むドロドロした裏話をものにしようと腐心した。結婚したばかりか、作家を目指したパリ生活と記者稼業のトロント生活という二足草鞋を穿いたヘミングウェイは、多忙のために一大発見のスクープを逸した。1954年にヘミングウェイはノーベル文学賞を受賞したが、父親、弟と同じく糖尿病に悩まされ、この世を去ったのは二人と同じく銃自殺であった。時に1961年、62歳のことで、不思議な巡り合わせである。

［参考資料］1）科学朝日編：ノーベル賞の光と陰．朝日選書，朝日新聞社，1988．2）ハンス・バンクル著，澤田淳子ほか訳：天才たちの死―死因が語る偉人の運命―．新書館，1992．3）マイケル・ブリス著，堀田饒訳：インスリンの発見．朝日新聞社，1993．4）ノルベルト・フエンテス著，宮下嶺夫訳：ヘミングウェイ　キューバの日々．晶文社，1995．5）マーサリーン・ヘミングウェイ・サンフォード著，清水一雄訳：ヘミングウェイと家族の肖像．旺史社，1999．6）竹内均編：科学の世紀を開いた人々（下）．ニュートンプレス，1999．

「精神分析学」と「分析心理学」との訣別
——精神分析で癒されたマーラー

　カール・グスタフ・ユングの「心理学」は、ジークムント・フロイトの「精神分析学」と区別するために、「分析心理学」と呼ばれている。1907年3月、当時ヨーロッパで評価の最も高いチューリッヒのブルクヘルツリ病院の精神科医であったユングは、自著『言語連想研究』を精神分析家として名を成していたフロイトに送った。これが縁で、ユングはウィーンのフロイトを訪れた。知的意味で相互に惚れ込んだ二人は意気投合し、主に文通であったが交友は6年近く続いた。時に、フロイト52歳、ユング32歳であった。

　1910年夏、オランダで家族と過ごしていたフロイトのもとに、「診察依頼」の電報が届いたが、休暇が中断されて執筆の仕事が大幅に遅れるのを懸念し、迷った。しかし、依頼人が著名人なことから申し出を受諾した。依頼人は、診察の約束を2度も反故にするほど、当時心身ともに疲れきっていた作曲家グスタフ・マーラーであった。1910年8月25日、マーラーは南チロル地方のトプラッハを発ち、汽車でインスブルグ、ミュンヘン、ケルンを経てオランダのライデンに辿り着いた。ホテルで落ち合った二人は街を散歩した。当時、マーラーの悩みは、年齢差が19歳の若い妻アルマが年下の若い建築家と不倫関係にあったことである。4時間の散歩の中で、フロイトは「上手くいったケースで、彼のリビドーの後退に妻が我慢できなくなっていた……」と精神分析を行った。わずか4時間の診察、乱暴ともいえる精神分析でマーラーの心の荷がおりたのは、翌朝アルマに打った電報「幸福ダ、興味深イ会話、頼ミノ藁ハ梁ニナッタ、トプラッハニ帰ル準備トトノッタ」に伺える。

　ユングの精神分析の理論と実際、言語連想テスト、分裂病研究のいずれもが、フロイトの精神分析の考え方を一層押し広げるのに貢献した。しかし、時が経つにつれ両者の研究方法、理論的食い違いを覆い隠すのが難しくなった。フロイトがユダヤ人として生まれ、ユングがキリスト教徒として育てられたという背景にも関連していた。とりわけ、ユングは(1)人間の動機は全て性的、(2)無意識は全て個人的なもので、個人に特有、というフロイトの2つの基本的前提を受け入れ難く、前提や理論を偏狭すぎると見なした。1912年9月、ニューヨークの講演でユングは「リビドーはフロイトが考えるよりも遙かに広い概念である……」と異論を唱え、訣別が決定的となった。

　マーラーの音楽の本質や源泉に、幼児期と、少し成長してからの体験が重要な役割を果たしていて、全ての作品が彼の個人的な生活に深く影響を受けている。マーラーと妻アルマとの間に生じた危機がなかったなら、今日の

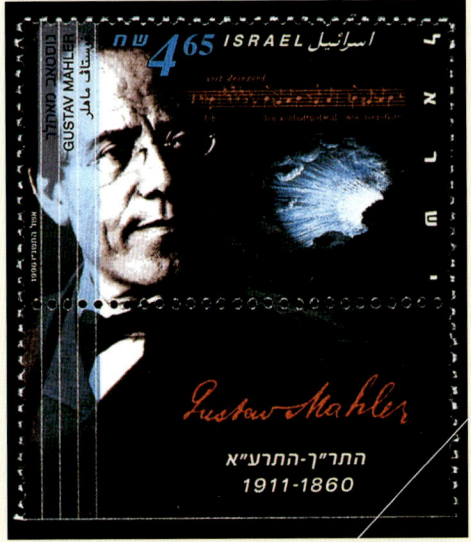

● グスタフ・マーラー（1860-1911）
切手は1995〜96年にかけてイスラエルから発行された「ユダヤ人作曲家シリーズ」6種の1枚（96年発行）。"マーラーの肖像""マーラー作曲の交響曲第2番「復活」の第4楽章の一節""復活を示唆する荘厳な光"が描かれており、マーラーのサインのタブ付きである。参考までに、切手の一節の歌詞は"Ich bin von Gott und will wieder zu Gott!"（神様から生まれた私は神様のところに行くのです）。
（Scottカタログ 1275, A535／原寸の1.5倍）

● ジークムント・フロイト（1856-1939）
1981年に生誕125年を記念してオーストリアから発行されたもので、フロイトの肖像が描かれている。（Scottカタログ 1175, A573／原寸の1.37倍）

● カール・グスタフ・ユング（1875-1961）
1978年にスイスから「著名人シリーズ（5次）」の一つとして発行された4種の1枚で、ユングの肖像が描かれている。
（Scottカタログ 664, A272／原寸の1.64倍）

形の交響曲第10番は存在しなかったかもしれない。1910年トプラッハで受けた心理的ショックが影響してか、同年末にマーラーに重い伝染病の徴候が現れはじめ、翌年5月18日、ウィーンで静かに息を引きとった。診断は「連鎖球菌による心内膜炎」で、時に51歳。現代人の心を惹きつけてやまない『交響曲第10番』は未完成のままに終わった。

[参考資料] 1) 五島雄一郎著：音楽夜話―天才のパトグラフィ―. 音楽之友社、1985. 2) フランソワーズ・ジル著、山口昌子訳：アルマ・マーラー. 河出書房新社、1989. 3) ネストール・ルハン著、酒井シズ監訳：歴史上の人物―生と死のドラマ―. メディカル・トリビューン、1990. 4) アンリ＝レイ・ド・ラ・グランジュ著、船山隆、井上さつき訳：グスタフ・マーラー―失われた無限を求めて―. アルク出版企画、1993. 5) アンソニー・スティーヴンズ著、鈴木晶訳：ユング. 講談社、1998. 6) アンソニー・ストー著、鈴木晶訳：フロイト. 講談社、2000. 7) 科学朝日編：科学史の事件簿. 朝日選書、朝日新聞社、2000.

近代病理学の夜明け
——政敵は鉄血宰相ビスマルク

　中央集権の統一国家が明治維新によってわが国で成立して3年後の1871年、鉄血宰相オットー・エドゥアルト・レオポルト・フォン・ビスマルクが多くの領邦国家に分かれていたドイツを一大帝国に統一した。プロイセン国王のウィルヘルム1世が皇帝に即位し、ドイツ帝国が誕生した。

　1856年、ルドルフ・ルードヴィッヒ・カール・ウィルヒョウがベルリン大学病理学教授に着任した。医師達に病理学の進歩の現状と彼自身の業績を知らしめることが、手始めの仕事となった。顕微鏡を用いた研究の発達が医学に進歩をもたらし、ヨーロッパ医学界に名声を轟かせていたウィルヒョウは、一般の開業医にも理解できるように資料を整理して、1858年2月から4月にかけて週2回ずつ講義形式で20回連続の講演を行った。正確に速記させた記録に手を加え、同年晩夏に一冊の本として上梓されたのが『細胞病理学』で、近代病理学の夜明けを意味した。

　ドイツでもとくにユンカー（地主貴族）の多いプロイセン最北東部地域で生まれ育ったウィルヒョウの父は、町の会計官も兼ねて農業を営んでいた。顕微鏡を駆使して病気の原因を細胞単位に求めたウィルヒョウは、医学校卒業後3年以内の1845年に白血病を発見し、1846年に塞栓症の機序解明という偉業を成し遂げた。彼の厳しい研究の吟味に晒されて、既存学説の偶像破壊の対象になったものは数知れなかった。当時、ヨーロッパにおける病理学の権威でウィーン大学病理学教授カール・フロイヘル・フォン・ロキタンスキーも、ウィルヒョウの餌食になった一人であった。ロキタンスキーの"液体病理学説"に真っ向から反対し、「不正確な観察結果と間違った理論で説明した非現実的なもの」と痛烈かつ徹底的に攻撃し、完膚なきまでに彼の名声を失墜させた。若さと過激さゆえに、ウィルヒョウの容赦ない言動には同僚からも非難が浴びせられた。科学的良心を自説の誤りを認めることで示したロキタンスキーの威厳ある偉大さは、敵対者ウィルヒョウへの指弾を振り払うことにも労を厭わなかった寛容さにも伺える。

　プロイセン首相にビスマルクが選ばれた1862年、ウィルヒョウはプロイセン国家の下院にあたる衆議院議員に選出され、1880年から1892年までドイツ帝国議会の議員を務めた。ドイツはビスマルクというユンカーに率いられて反社会主義、反ユダヤ主義、熱狂的国粋主義を掲げ、ヨーロッパ制覇に向かって突き進んだ。

　一方、ドイツ進歩党を創立し、自ら指導者になったウィルヒョウは革新派、自由主義を唱え、常にビスマルクの政策に敵対した。ビスマルク宰相が75歳の1890年にウィルヘルム2世に罷免されるまで、意思強固な二人は議会を舞台に個人的反感をもぶつけ合って激

● ルドルフ・ルードヴィッヒ・カール・ウィルヒョウ（1821-1902）
1960年に、ベルリンのCharité院開院250年記念ならびにフンボルト大学創立150年を記念して5種の切手が東ドイツから発行された。その1枚で、ウィルヒョウの肖像が描かれている。（Scottカタログ520, A169／原寸の1.52倍）

● オットー・エドゥアルト・レオポルト・フォン・ビスマルク（1815-1898）
1965年に生誕150年を記念して西ドイツから発行されたもので、ビスマルクの肖像が描かれている。（Scottカタログ 918, A258／原寸の1.75倍）

● カール・フロイヘル・フォン・ロキタンスキー（1804-1878）
1954年に生誕150年を記念してオーストリアから発行されたもので、ロキタンスキーの肖像が描かれている。（Scottカタログ 592, A158／原寸の1.5倍）

論を戦わせた。しかし、純粋な政治的問題ではウィルヒョウの労苦はあまり実を結ばなかった。

1898年7月30日、鉄血宰相ビスマルクが愛娘に看取られて亡くなった。病名は肺炎とされている。

[参考資料] 1）E・アッカーネヒト著、伊藤俊太郎ほか訳：ウィルヒョウの生涯．サイエンス社、1984．2）S・J・ライザー著、春日倫子訳：診断術の歴史―医療とテクノロジー支配―．平凡社、1995．3）シャーウィン・B・ヌーランド著、曽田能宗訳：医学をきずいた人びと―名医の伝記と近代医学の歴史―（下）．河出書房新社、1995．4）セバスチャン・ハフナー著、魚住昌良監訳：図説プロイセンの歴史．東洋書林、2000．5）マイヤー・シュタイネック・ズートホフ著、小川鼎三監訳：図説医学史．朝倉書店、2001．

近代外科学における甲状腺手術の進歩
——心を癒し癒されたブラームス

　1856年7月29日、作曲家ロベルト・シューマンが息を引きとった。聴く者をして見知らぬ情景へと誘ってやまない名曲の数々を紡ぎあげたシューマンをブラームスが初めて訪れたのは20歳の時だった。時にシューマン43歳、シューマンの妻クララ34歳。ブラームスが世に出るきっかけとなったばかりか、これを機にブラームスとクララとの生涯にわたる交友は43年間にも及んだ。

　1873年から1883年にかけての10年は甲状腺腫の外科的治療が飛躍的な発展を遂げ、近代外科学の黎明期ともいえた。当時ヨーロッパでは、オーストリアのウィーン大学外科教授テオドール・ビルロートと、スイスのベルン大学外科教授テオドール・コッヘルとが、消化器と甲状腺の手術領域で覇を競いあっていた。両巨頭は各々甲状腺手術に関連して悩みを抱えていた。腺腫摘出後の強直痙攣と死に直面していたビルロートに対し、コッヘルは腺腫除去後に出現する粘液水腫が悩みの種だった。コッヘルは甲状腺の一部を残すことで問題を解決したが、ビルロートの場合は原因が後世になって明らかにされた。それは、甲状腺と一緒に副甲状腺を摘出することによる低カルシウム血症にあった。

　1853年、シューマンはドイツのデュッセルドルフでブラームスに初めて会い、「ブラームスの来訪、天才」と日記に記した。生涯独身を通した作曲家ヨハネス・ブラームスは、シューマンが自殺を企てた1854年、亡くなった1856年、いつもクララの傍らにいて労った。ブラームスとクララが交わした手紙は数千通にも及んだ。ブラームスを取り囲むウィーン社交界に、ピアニストとしての才をもつビルロートがいた。

　ビルロートとコッヘルとでは、甲状腺手術手技の差異が際立っていた。無血に心がけ、注意深く、丁寧な組織の処理を重視したコッヘルに対し、ビルロートは出血を厭わず、迅速さを求めるあまり、細心な注意に欠けていた。ために、ビルロートは問題解決の糸口を見いだしえなかった。勝敗は明らかで、1909年甲状腺疾患に関する業績により、コッヘルがノーベル生理学・医学賞を受賞した。甲状腺手術では敗れはしたが、1881年1月29日ビルロートは胃切除術に成功し、その手技で後世にまで名を留めることとなった。

　ビルロートとブラームスとの親交の深さは、交わした書簡が331通、弦楽四重奏曲（作品51）が献呈され、ビルロートが1894年に亡くなった折り、ブラームスが「音楽家以外で自分の作品に理解を示す友が無くなった」と嘆いたことにも伺える。

　心の妻クララ・シューマンが1896年5月20日脳卒中の再発作で亡くなって、うつ状態に陥ったブラームスは肝臓がんを患い、1897

● ヨハネス・ブラームス（1833-1897）
1997年にオーストリアから発行された作曲家2種の1種。ブラームス死去100年を記念したもので、彼の肖像が描かれている。（Scottカタログ 1723, A1008／原寸の1.49倍）

● エミール・テオドール・コッヘル（1841-1917）
1967年にスイスから発行された夏季慈善切手5種の1種。コッヘル死去50年を記念したもので、彼の肖像が描かれている。（Scottカタログ B365, SP224／原寸の1.64倍）

● テオドール・ビルロート（1829-1894）
1937年にオーストリアから発行されたウィーン医学派の代表的医学者9名を描いた9種の慈善切手シリーズの1種で、ビルロートの肖像が描かれている。（Scottカタログ B163, SP92／原寸の1.38倍）

年4月3日「ありがとう」とささやいて息を引きとった。時に64歳で、遺骸はウィーンの中央墓地に葬られ、ビルロートとともに、そこに永眠している。

[参考資料] 1) 五島雄一郎著：音楽夜話―天才のパトグラフィ―．音楽之友社、1985. 2) シャーウィン・B・ヌーランド著、曽田能宗訳：医学をきずいた人びと―名医の伝記と近代医学の歴史―（下）．河出書房新社、1995. 3) ユルゲン・トールワルド著、尾方一郎訳：近代手術の開拓者．地球人ライブラリー、小学館、1996. 4) クルト・バーレン著、池内紀訳：音楽家の恋文．西村書店、1996. 5) 武智秀夫著：近代外科のパイオニア　ビルロートの生涯―大作曲家ブラームスとの交流―．考古堂書店、2003.

外科麻酔の発展と進歩
──貢献大きいヴィクトリア女王

　──愛する方、御機嫌はいかがですか、よくお休みになれまして。私はゆっくり休みましたので、この上ない気分です。(中略) 愛する私の花婿様、用意が済みましたら、知らせてください。貴方の忠実なヴィクトリアR──
　結婚式当日の朝、夫になるドイツのザクセン・コーブルク・ゴータム公の次男アルバート公に送った、ヴィクトリア女王の手紙である。1840年2月10日、イギリス女王即位後2年7か月、20歳の時であった。
　アメリカ医学が世界に貢献した最初の大きなことは、麻酔の発見とその浸透で、ここに近代外科学の幕が切って落とされた。発見の舞台裏は、富と名誉を手にしようとした醜い人間ドラマであった。歯科医ホーレス・ウェルズがボストンのマサチューセッツ総合病院で笑気ガスを用いた抜歯の公開実験に失敗したのが1845年1月。翌年の10月16日、同じ病院で歯科ウィリアム・トーマス・グリーン・モートンによるエーテル吸入麻酔で顎の腫瘍切除が成功した。
　アメリカのジョージア州ジェファーソンの片田舎の開業医クロフォード・ウィリアムソン・ロングはペンシルバニア大学医学生時代から、時折エーテルの入ったフラスコを嗅いで酔うというエーテル・パーティを開いていた。その彼が、1842年3月30日、エーテルをタオルに注ぎ、患者に嗅がせて頸部腫瘍を取り除いた。以後もエーテル麻酔下で手術をいくつも成功させた。

　イギリスのエジンバラ大学産科学教授ジェームス・ヤング・シンプソンが世界に先駆けて、クロロホルム麻酔を分娩に導入した。1853年4月7日、シンプソン教授はヴィクトリア女王の第8子レオポルド王子の出産に召され、ハンカチにクロロホルムを少量垂らして、女王の鼻の下にあてた。女王は苦痛を感じることなく、無事出産した。翌日、新聞は"女王、新しい麻酔薬を体験"と世界中に向けて高らかに告げ、外科麻酔の発展に大きく寄与した。
　麻酔の原理をウェルズに学んだモートンは、エーテル麻酔の有用性を、ヨーロッパで学びボストンの化学研究所の指導者であった内科医チャールズ・ジャクソンから示唆されていた。そして、ジャクソンとモートンは、ロングがエーテル麻酔に成功したジェファーソン村を1842年春、訪れていた。理由はともかく、ロングが自分の成果を公にすることを1849年まで控えていたことから、麻酔の発見者は誰であるかで、当事者のみならずアメリカ医学界を巻き込んで、栄誉を賭けた争いへと発展した。あらゆる情況を鑑みた上で、1921年アメリカ外科医師会はロングを外科麻酔の発見者と認定した。その後、麻酔学はさらに発展し、新しい麻酔薬も開発されて今日に至っている。
　イギリスが正に「大英帝国」と呼ばれるのにふさわしい繁栄を築き上げたヴィクトリア女王が、1901年1月22日、失語症と顔面麻

● **ヴィクトリア女王**
（1819-1901）
ヴィクトリア女王即位150年を記念して1987年にイギリスから発行された記念切手4枚の1つ。女王の肖像を中心に、アルバート公の肖像と、治世下の出来事からイザハード・キングダム・ブルーネルが設計した当時世界最大の船グレート・イースタン号、そしてビートン・イザベラ・メアリ夫人の著した家政の本が描かれている。
（Scottカタログ 1185, A358／原寸の1.71倍）

● **クロフォード・ウィリアムソン・ロング**（1815-1878）
偉人シリーズの切手35枚が1940年にアメリカから発行され、ロングを含め25名の科学者が選ばれている。切手には彼の肖像が描かれている。
（Scottカタログ 875, A334／原寸の1.58倍）

● **ジェームス・ヤング・シンプソン卿**
（1811-1870）
医学のパイオニアシリーズとして1992年にトランスカイ（現南アフリカ属）から発行された4枚の切手の1つ。シンプソン卿の肖像とクロロホルム麻酔下の出産情景が描かれている。（Scottカタログ 265, A54／原寸の1.64倍）

痺を伴い昏睡状態に陥り、大勢の子供や孫に見守られる中、81歳で息を引き取った。国民は深い悲しみを胸に、荘厳な葬列を見送った。

[参考資料] 1) ネストール・ルハン著、酒井シズ監訳：歴史上の人物─生と死のドラマ─．メディカル・トリビューン、1990．2) シャーウィン・B・ヌーランド著、曽田能宗訳：医学をきずいた人びと─名医の伝記と近代医学の歴史─（下）．河出書房新社、1995．3) J・トールワールド著、大野和基訳：外科の夜明け─防腐法─絶対死からの解放─．地球人ライブラリー、小学館、1995．4) クロード・ダレーヌ著、小林武夫、川村よし子訳：外科学の歴史．白水社、1995．5) 小林章夫著：イギリス王室物語．講談社現代新書、講談社、1996．6) マイヤー・フリードマン、ジェラルド・W・フリードランド著、鈴木邑訳：医学の10大発見─その歴史の真実─．ニュートンプレス、2000．7) Harold Ellis：A History of Surgery、Greenwich Medical Media Ltd. 、2001．

13

病気予防の最初の術(すべ)、種痘の発見
——ナポレオンも称えた偉大さ

　フランス革命の真っ只中、ヨーロッパで戦争が勃発した。1796年1月、27歳でイタリア遠征軍最高司令官に任命されたナポレオン・ボナパルトは、次々と戦功を立てていった。

　1749年5月17日、イギリスのグロスターシャーで生まれたエドワード・ジェンナーが8歳の頃、ヨーロッパで天然痘が流行し始めた。当時は、放血・断食・下剤という無益なばかりか危険を伴う儀式が天然痘の一対策で、ジェンナーも怯えながら体験した。幼い頃から、自然への好奇心が人一倍強いジェンナーは、医者になっても植物学、化学、鳥類学などに関心が高く、造詣も深かった。

　イギリス海軍史上、最も敬愛されている人物は、ホレイシオ・ネルソン提督とジェームズ・クック船長をおいて他にない。18歳で船乗りになったクックは、1757年6月17日、一介の上級水兵としてイギリス海軍に入隊した。表舞台への登場は、新大陸発見の指揮官としてエンデヴァ号でプリマス港から出航した、1768年8月前後である。

　13歳で始めた医者修業6年目の1768年、ジェンナーは"牛痘を患(かか)った搾乳婦は天然痘に罹らない"、との噂を耳にした。「故意の牛痘接種で天然痘が発病しないのでは……」と閃(ひら)いたが、ロンドンのセント・ジョージ病院で研鑽を積むことにした。イギリスきっての外科医ジョン・ハンターの家に寄宿し、彼の貴重な生物標本などの整理・分類に才を発揮した。

　1772年、クック船長に再び新大陸発見の探索使命が下された。才能を見込んだハンターは、随行の植物学者としてジェンナーを推薦した。しかし、ジェンナーの思いは田舎に戻り、医院を開業して天然痘の研究着手にあった。「健康成人に牛痘接種の回復後に、天然痘を接種して種痘がつかなければ、天然痘に対して牛痘が免疫性を与えたといえる」と考えた。1796年5月14日、牛痘に罹(かか)った搾乳婦の手の水疱から膿汁を採取し、8歳の少年ジェームズ・ヒップスに接種した。7月1日、天然痘患者から採取した膿汁を少年の両腕の皮膚に接種したが、発病しなかった。数か月後、再度の接種でも変化はなかった。他の人達でも成功を収めたジェンナーは、牛痘の接種で天然痘予防の達成が可能と確信し、1798年に23例の成果をまとめて公にした。

　1802年、対仏戦争で捕虜になったイギリス人釈放の嘆願書がナポレオンに提出された。要請者にジェンナーの名を見つけたナポレオンは、釈放に同意した。1805年、ナポレオンはフランス軍人に種痘を命じたばかりか、『種痘の発見』を称えて、メダルを鋳造させた。ジェンナーの業績は、天然痘ワクチンの開発に留まらず、多くの疾病のワクチン療法への

● ナポレオン・ボナパルト（1769-1821）
「著名人シリーズ・19世紀の偉人」として1951年にフランスから発行された6枚の切手の一つ。ナポレオンの肖像が描かれている。（ScottカタログB263、SP187／原寸の1.92倍）

● ジェームズ・クック（1728-1779）
1999年にイギリスから発行された千年紀シリーズの第2次、「輸送」の4枚の一つ。「クックの旅」と題されたデザインは、1784年に発行された『南洋航海日誌』に掲載されているシドニー・パーキンスが描いたマオリ族の肖像と、クック最後の航海出発となる1785年にナサニエル・ダンスの描いたクックの肖像とからなる。（Scottカタログ1846、A500／原寸の1.14倍）

● エドワード・ジェンナー（1749-1823）
「世界からの天然痘撲滅」を記念して、1978年にモルディブから発行された3枚の一つ。ジェンナーの肖像が描かれている。（Scottカタログ731、A108／原寸の1.38倍）

発展のきっかけとなり、病気予防の術を発見した最初といえる。

1815年6月15日、ワーテルローの戦でイギリス・プロイセン軍に敗れた風雲児ナポレオンは、大西洋上のセントヘレナ島に幽閉され、1821年5月5日、51歳の若さで他界した。死因は胃がん説をはじめ、未だ謎である。

[参考資料] 1）アリステア・マクリーン著、越智道雄訳：キャプテン・クックの航海．早川書房，1989. 2）ハンス・バンクル著、澤田淳子ほか訳：天才たちの死―死因が語る偉人の運命―．新書館，1992. 3）マイヤー・フリードマン、ジェラルド・W・フリードランド著、鈴木邑訳：医学の10大発見―その歴史の真実―．ニュートンプレス，2000. 4）倉田保雄著：ナポレオン・ミステリー．文書新書，文芸春秋，2001. 5）ネストール・ルハン著、日経メディカル編：天才と病気．日経BP社，2002.

薬剤開発に寄与した
結晶X線学のパイオニア
——学び教えられた鉄の女サッチャー

　アメリカをはじめとした西欧諸国がソ連と冷戦状態の最中にあった1979年5月4日、イギリスに初の女性首相マーガレット・サッチャーが誕生した。戦争勃発の危機の中、「鉄の女」と謳（うた）われたサッチャーは強烈なリーダーシップを発揮し、国の舵取りを誤らなかった。

　1934年冬のある日、ドロシー・クロフォート・ホジキンの身に悲劇と希望とが同時に生じた。意のままにならない手足が、不治の病の関節リューマチと知らされた日に、上司で鬼才科学者の誉れが高いジョン・デズモンド・バナールが蛋白質結晶のX線写真撮影に成功した。X線写真上の規則正しい斑点模様が原子配列を意味し、将来に夢を抱かせた。数年経ずして、優れた結晶のX線回折者との評価を得たホジキンの机は、いつしか「インスリンの結晶」も含めて、結晶標本の山と化した。

　同じ頃、ナチス・ドイツを逃れてロンドンに来ていたエルンスト・ボリス・チェインがハワード・ウォルター・フローリーのオックスフォード・チームに加わり、「ペニシリンの発見」に貢献した。1945年、二人はアレキサンダー・フレミングとノーベル生理学・医学賞を分かち合うことになる。致死量の連鎖球菌を8匹の鼠に注射し、ペニシリン投与を受けた4匹以外は全て死に至ったことで、ペニシリンの効果が明らかにされた実験は、1940年5月25日、27日に行われた。この実験の直後、チェインはロンドンのオックスフォード大通りを歩いていて、ホジキンに出会った。興奮していたチェインは、ペニシリンについて熱っぽく語り、彼女と「ペニシリンの結晶」を分ける約束を交わした。

　科学者として優秀なばかりか、天性の指導者ともいえたホジキンは、第二次世界大戦後の1960年代に多くの女子学生に化学への関心を抱かせ、研究室も大きく発展した。当時の教え子に、将来のイギリス首相、当時オックスフォード大学学生のサッチャーがいた。

　ホジキンがペニシリン構造のX線回折に着手したのは、第二次世界大戦下の1940年のことだった。4年の歳月をかけてものにし、次いで6年を要してビタミンB_{12}の構造解明に成功した。これら一連の業績により、1964年ノーベル化学賞がホジキンに授与された。翌年、エリザベス女王からの功労賞授与式で、彫刻家ヘンリー・ムーアは隣席のホジキンのリューマチで節くれだち捻（ね）じれた手指に感動し、スケッチを2枚描いた。彼女がインスリン構造のX線回折を成し遂げたのは1969年、こだわり続けて実に30年余りが経っていた。

　東西冷戦下の1960年代から1970年代にかけて平和運動を続けたホジキンが、1980年代

●ドロシー・クロフォート・ホジキン（1910-1994）
「20世紀の偉大な女性」として、1996年にイギリスから発行された5枚の一つ。ホジキンの肖像と、背景にビタミンB12のモデルが描かれている。（Scottカタログ 1693、A468／原寸の1.37倍）

●マーガレット・サッチャー（1925- ）
「20世紀の偉大な女性」8名の肖像で構成されるシートの1種で、1993年にタンザニアから発行されたうちの1枚。サッチャー首相の肖像が描かれている。（Scottカタログ 998、A153／原寸の1.61倍）

●エルンスト・ボリス・チェイン（1906-1979）
「ノーベル賞記念」として、ノーベル賞受賞者各6名で構成されるシート2種が1995年ドミニカから発行された。そのうちの1枚で、チェインの肖像が描かれている。（Scottカタログ 1806、A269／原寸の1.15倍）

にサッチャーに手紙をしたため、「首相たる者ソ連訪問せずにいてはいけない」と諭した。週末には、サッチャー首相が恩師ホジキンを自宅に招き、耳を傾けた。訪ソを決断した首相は、ミハイル・ゴルバチョフ書記長と友好関係を結び、戦争危機を回避した。

2002年3月19日、サッチャー元首相は脳卒中に襲われ、医師団の勧めで自宅休養を余儀なくされた。

[参考資料] 1) ウルパート・リチャーズ著、牧野賢治訳：科学に魅せられた人びと．東京化学同人、1991．2) マーガレット・サッチャー著、石塚雅彦訳：サッチャー私の半生（上・下）．日本経済新聞社、1995．3) シャロン・バーチュ・マグレイン著、中村桂子監訳：お母さん、ノーベル賞をもらう．工作舎、1996．4) 小山慶太著：肖像画の中の科学者．文春新書、文芸春秋、1999．

輸血療法・法医学の発展に貢献大きい、血液型の発見
——科学より情に負けたチャップリン

「誰を支配することも、誰を征服することも、したくない」。

チャールズ・スペンサー・チャップリン扮するユダヤ人床屋がチョビ髭をはやして、ヒトラーを愚弄した映画『独裁者』の結びの演説のくだりである。1937年にとりかかった脚本の完成に2年以上の歳月を要したが、作品が上映されるや大成功を収めた。折しも、アドルフ・ヒトラー率いるナチスが台頭し、ヨーロッパに暗雲が漂い始めていた。

1900年、ウィーン大学病理解剖の助手カール・ラントシュタイナーは試験管内で血液を混ぜていて、一定条件下で血球凝集反応が生じるのに気づいた。興味を抱いたラントシュタイナーは、22人の血液を血漿と血球とに分け、種々の組み合わせから、反応に規則性を見いだした。A群の血漿は2番目のB群の血球を凝集し、B群の血漿はA群の血球を凝集させたが、A、B両群の血漿は3番目の群の血球を凝集せず、C群としたが後にOとした。2年後、大掛かりな交叉適合試験を行い、A、Bいずれの血漿にも反応する4番目の群を見いだし、ABと名付けた。長年にわたり、研究成果が注目されることはなかった。血液型の交叉適合試験に加えて、1915年アメリカの生理学者リチャード・ルイソンがクエン酸ナトリウムに抗凝固剤としての有用性を見いだしたことが、輸血療法に大きな進歩をもたらした。

ファシストが急速に台頭しだした1936年、スペインでフランシスコ・フランコ将軍がヒトラーと同盟を結んだ。マドリードの左派政府に敵対したフランコは、7月17・18日に起きた反乱に加担し、スペインで内乱が勃発した。60を超える国々から馳せ参じた義勇兵の一人に、カナダの外科医ノーマン・ベチューンがいた。彼は、スペイン人医師と協力して市民から採集した大量の血液を容器に保存し、前線に運んでの輸血を提案した。血液型の発見と抗凝固剤の開発が、血液の大量保存と供給を可能にした。行動派ベチューンは、未だ誰も試みなかった戦場へ出掛けての輸血を実施し、傷病兵の多くの命を救った。

1930年、「血液型の発見」の業績により、ラントシュタイナーはノーベル生理学・医学賞を受賞し、1940年にRh式血液型を発見した。血液型の名称は、1937年の国際血液会議でA、B、AB、Oに統一をみて、今日に至っている。

血液型の発見は、法医学の発展にも大きく寄与した。かつて、チャップリンが付き合っていた女優ジョン・バリーが、出産した女児の父親認知訴訟を起こした。血液型からチャップリンの可能性は否定されたが、彼女の弁護士は作戦を練り、映画さながら彼を悪役に仕立て、陪審員の感情に訴えた。1946年

●チャールズ・スペンサー・チャップリン
（1889-1977）
1999年にイギリスから「千年紀シリーズ」の第6次『娯楽とスポーツ』と題して発行された4枚の一つ。チャップリンの肖像が描かれている。（Scottカタログ 1862、A500／原寸の1.59倍）

●カール・ラントシュタイナー
（1868-1943）
1968年に「ラントシュタイナー生誕100年」を記念してオーストリアから発行されたもので、彼の肖像が描かれている。（Scottカタログ 813、A292／原寸の1.2倍）

●ノーマン・ベチューン（1890-1939）
1990年に「ベチューン生誕100年」を記念して、カナダと中国の両国で同一図案の各々2種が発行された。とりあげたのは母国カナダの1枚で、彼の肖像と当時の手術風景が描かれている。（Scottカタログ 1264、A569／原寸の1.17倍）

の再審では、科学的根拠が無視され、養育費支払いを命ずる評決が下り、不本意な結末となった。

　1977年12月25日、山高帽にだぶだぶズボン、口髭とステッキがトレードマークの不世出の映画作家チャップリンが、前年に襲われた脳卒中発作が遠因でスイスで亡くなった。時に、88歳であった。

[参考資料] 1) R・J・デュボス著、柳沢喜一訳：生命科学への道―エイブリ教授とDNA―．岩波現代新書、岩波書店、1979．2) シンガー・アンダーウッド著、酒井シズ、深瀬泰旦訳：医学の歴史―メディカルサイエンスの時代―(3)．朝倉書店、1986．3) ダグラス・スター著、山下篤子訳：血液の物語．河出書房新社、1999．4) チャールズ・チャップリン著、中野好夫訳：チャップリン自伝―若き日々―（上・下）．新潮文庫、新潮社、2000．

わが国に西洋医学を開花させた先駆者たち
——夢を挫(くじ)いたペリー提督

　1853年7月8日（嘉永6年6月3日）、マシュー・ガルプレイス・ペリー提督率いる黒船4隻が江戸湾浦賀の沖合に現れ、江戸幕府を震撼させ、鎖国日本を眠りから覚まさせた。

　1641年から200余年にわたった鎖国日本の西洋諸国との接触は、長崎出島のオランダ商館を介してで、医官として駐在するヨーロッパ人医師がオランダ語、西洋医学をはじめとした学問を日本人に教えていた。ドイツ人フィリップ・フランツ・フォン・シーボルトは、1823年8月9日に来日して長崎沖に停泊し、11日に長崎に到着した。出島で最も活躍した医師の一人であり、植物の調査・研究ばかりか、西洋医学を系統立てて教え、診療の実際を供覧した最初の医師だった。

　蘭学の隆盛を迎えた江戸中期の1774年8月、『ターヘル・アナトミア』が『解体新書』として前野良沢、杉田玄白らの手で出版された。翌年8月17日、近代植物学の創始者カール・フォン・リンネの直弟子、スウェーデン人医師カール・ピェーテル・トゥーンベリが来日し、梅毒の水銀療法をわが国に初めて伝えたとされている。"心から愛する弟子"と彼に言わしめた青年医師に、『ターヘル・アナトミア』の翻訳に携わった桂川甫周、中川淳庵がいた。トゥーンベリは1776年11月30日に帰国し、母国のウプサラ大学医学・植物学教授就任後も、師として重責を果たし続け、わが国の医学、植物学、動物学の発展に貢献した。

　わが国の医学をはじめ西洋学問の発展に寄与した人で忘れてならないのがドイツ人エンゲルベルト・ケンペルで、トゥーンベリ、シーボルトに先駆け1690年に長崎に来た。両者の手記を携え来日したシーボルトは、産科用鉗子使用や難産時外科的処置の西洋医学的手法をわが国に紹介した最初の人で、日本の産科学の父とも言える。帰国を前に、台風により彼の蒐集した品々を積んだ船が長崎湾で難破し、国外持ち出し禁止の"日本地図"や"葵の御紋入りの羽織"が露顕したため、彼は幽閉されたうえ、国外追放となり、1830年1月2日長崎を去った。

　ライン河畔で再来日を夢見て失意の日々を送っていたシーボルトが、ペリー提督の日本遠征計画を知って、援助を申し出た。ロシアのスパイと疑った節もあり、ペリーは彼の申し出を断固拒否したが、わが国をめぐる当時の緊迫した情勢が伺える。鎖国日本に開国を迫ったペリーだが、遠征にはシーボルトの関連書類、地図、海図を大いに活用した。1859年8月14日、シーボルトは再来日を果たしたが、歴史上意義はあまりない。1853年の開国の20年も前に、緒方洪庵が適塾で3,000人を超える塾生に西洋医学を教え、明治維新を迎えた1868年（明治元年）には、医学をはじ

● カール・ピーテル・トゥーンベリ
（1743-1828）
1973年にスウェーデンから「スウェーデン人探検家」として5名連刷で発行された一つで、彼の肖像と牡丹、そして当時の日本女性が描かれている。（Scottカタログ 1005、A255／原寸の1.23倍）

● フィリップ・フランツ・フォン・シーボルト（1796-1866）
1996年に「シーボルト生誕200年」を記念して日本とドイツから切手が発行されたが、日本のものをとりあげた。シーボルトの肖像とナツヅタ（野ぶどう）が描かれている。ちなみに、肖像の原画は彼がドイツのワイマール滞在中の1835年5月16日にヨーゼフ・シュメレルの描いたパステル画によるもの。（Scottカタログ 2513、A1952／原寸の1.28倍）

● マシュー・ガルプレイス・ペリー
（1794-1858）
1953年に「日本開国100年」を記念してアメリカから発行されたもので、ペリー提督の肖像と、江戸湾に停泊中の黒船4隻の風景が描かれている。（Scottカタログ 1021、A468／原寸の1.59倍）

め、西洋で発展した学問の教育素地がわが国に十分整っていた。上述の3人の外国人医師が、わが国の西洋医学の発展に貢献した大きさは計り知れない。

鎖国日本に開国を迫り、アメリカとの交易を実現させたペリー提督は、1858年3月4日、リューマチ熱が原因でニューヨークで亡くなった。時に、64歳であった。

[参考資料] 1) ジョン・Z・バワース著、金久卓也、鹿島友義訳：日本における西洋医学の先駆者たち．慶応義塾大学出版会、1998．2) 大江志乃夫著：ペリー艦隊大航海記．朝日文庫、朝日新聞社、2000．3) 大場秀章著：花の男シーボルト．文春新書、文芸春秋、2001．4) 高橋輝和著：シーボルトと宇田川榕菴─江戸蘭学交遊記─．平凡社、2002．

21

血管外科と臓器移植のパイオニア
──機械工学の知識を生かしたリンドバーグ

　1927年5月21日、25歳の若者が単独無着陸大西洋横断飛行を、世界で初めて成し遂げた。スピリット・オブ・セントルイス号でニューヨークを発ち、33時間30分33秒の末、夜のパリはル・ブルージェ空港に降り立ったチャールズ・オーガスト・リンドバーグは、周りが全て一変したのを悟った。

　ある事件が、フランスのリヨン大学で医学を修得したばかりのアレクシス・カレルを血管外科医へ目指させた。1904年、アメリカのシカゴ大学に移り、動脈と静脈の端を縫い合わす「血管縫合術」を開発し、腎移植に手を染めた。ハンガリー生まれでウィーン大学の外科医エメリッヒ・ウルマンが、人類史上最初の腎移植を犬で行ったと1902年1月24日に発表した。しかし、拒絶反応という厚い壁に遮（さえぎ）られ、研究の発展は望めなかった。

　1906年、ロックフェラー研究所に移ったカレルは、組織培養実験を手がけ、心臓や神経組織の長期培養に成功し、細胞の発育・分裂の体外観察を可能とし、1910年には長期冷蔵血管の移植にも成功した。1912年度ノーベル生理学・医学賞を「血管縫合および臓器移植」の業績で受賞したカレルに、リンドバーグが紹介されたのは1930年で、機械工学の立場から研究を助けることになった。1933年に起きた長男の誘拐惨殺事件で傷心のリンドバーグは、姉エリザベスに心弁膜障害もあってか、カレルとの共同研究に情熱を注ぎ、1935年、人工心肺の試作を世界で初めて成功させた。

　血管外科の開祖で臓器移植のパイオニアのカレルは1914年、スイスの外科医で1909年度ノーベル生理学・医学賞受賞者エミール・テオドール・コッヘルに手紙をしたためた。「腎臓のような臓器の同種形成性移植では、永続性ある肯定的成果が得られませんでした。成功には問題となる生物学的側面をさらに深く研究することが求められ、新しい臓器に対する生物反応を防ぐ術（すべ）が見つけられることが不可欠です」。

　カレルが直面した問題解決の糸口を見いだしたのは、イギリスはオックスフォード大学の若い生物学者ピーター・ブライアン・メダワーで、カレルがコッヘルに手紙を書いた翌年、リオデジャネイロで生まれた。第二次世界大戦下、火傷患者の皮膚移植の実態をつぶさに観察し、最初の植皮に比べ第二次植皮の早期脱落が個体特異性に基づくことを見いだし、1944年、拒絶機序が獲得免疫反応なのを明らかとした。以後も、移植および拒絶反応と免疫寛容に関する研究の基礎を築いた彼の業績は、免疫抑制剤開発の発展に寄与した。メダワーはフランク・マクファーレン・バーネットと1960年度ノーベル生理学・医学賞を分かち合った。

　リンドバーグは単独飛行の回想録『翼よあ

- アレクシス・カレル（1873-1944）（左上）
1972年に「カレルのノーベル賞60年」を記念してスウェーデンから発行されたもので、彼の肖像が描かれている。
（Scottカタログ 987、A248／原寸の1.75倍）

- チャールズ・オーガスト・リンドバーグ（1902-1974）（右上）
1998年にアメリカから発行された、シート連刷で15種の切手から成る「20世紀シリーズ3次：1920年代の出来事」の1枚。『リンドバーグの大西洋横断飛行(1927)』と題し、リンドバーグの肖像と、背景にスピリット・オブ・セントルイス号が描かれている。（Scottカタログ 3184、A2467／原寸の1.67倍）

- ピーター・ブライアン・メダワー（1915-1987）（右下）
1995年に「ノーベル賞100年記念」として、ノーベル賞受賞者6名で構成されるシート1種がガイアナから発行された。そのうちの1枚で、メダワーの肖像が描かれている。（Scottカタログ 3008／原寸の1.18倍）

れがパリの灯だ』を1953年に出版し、翌年ピューリツァー賞に輝いた。臓器移植を可能にすべく医学研究に携わり、他の科学分野の進歩にも貢献著しいリンドバーグは、闘病1年の末、安らぎの地をハワイのマウイ島に求めた。到着8日目の1974年8月26日、肺全体に拡がったリンパ肉腫が原因で、アメリカの国民的英雄は72歳の生涯を閉じた。

[参考資料] 1) G・R・テイラー著、渡辺格、大川節夫訳：人間に未来はあるか. みすず科学ライブラリー、みすず書房、1974. 2) アン・モロウ・リンドバーグ著、中川経子訳：ユニコーンを私に. 三好企画、1997. 3) アン・モロウ・リンドバーグ著、中川経子訳：輝く時、失意の時. 三好企画、1997. 4) 竹内均編：科学の世紀を開いた人々（下）. ニュートンプレス、1999. 5) ダグラス・スター著、山下篤子訳：血液の物語. 河出書房新社、1999. 6) A・スコット・バーグ著、広瀬順弘訳：リンドバーグ―空から来た男―（上・下）. 角川文庫、角川書店、2002. 7) アレキシス・カレル著、渡辺昇一訳：人間―この未知なるもの―. 知的生きかた文庫、三笠書房、2001.

切手にみる病と闘った偉人たち 12

生命に不可欠な微量栄養素、ビタミンの発見
——ノーベル賞を逸した鈴木梅太郎

　明治時代、脚気が難病の一つとされ、"細菌伝染説"がわが国で幅を効かせていた。この説を覆した一人が東京帝国大学農学部教授鈴木梅太郎で、1910年（明治43）に脚気に有効な成分抽出に成功した。

　日清・日露戦争中の明治時代、多数の兵士が脚気で戦病死した。"細菌伝染説"を唱える陸軍に対し、海軍は海軍軍医高木兼寛の"食物白米説"を支持して相譲らなかった。軍艦内の衛生状態は欧米やわが国の彼我とで差が無く、日本水兵に脚気多発は食物との関連が密と高木は考えた。遠洋航海の機会を利用し、「竜驤」の乗組員には従来通りの食事として、「筑波」には白米減で麦を混ぜた肉類などを多くした食事を給した。脚気多発は前者で、原因は蛋白質が少ないためと1882年（明治15）に結論を下したものの、研究に発展はなかった。

　高木の研究から十数年経た1896年、当時オランダ領インドネシアの風土病の脚気の原因を突き止めたのは、ジャカルタ陸軍病院研究所のオランダ人軍医クリスチャン・エイクマンであった。脚気様症状を呈したニワトリに、ある日突然症状が消失していた。原因は養鶏係の交替にあり、残飯の白米を食べさせていた前任者に対し、後任は精米していない玄米なのを知った。エイクマンは早速、実験にとりかかり、ニワトリの脚気様症状が精米過程で除去される米糠（こめぬか）で消失するのを突き止め、脚気を治す物質が米糠に潜むと確信した。さらに、約25万人の囚人調査から、脚気発病率が白米摂食者に高頻度なことも明らかにした。

　1902年度ノーベル化学賞受賞者エミール・フィッシャーのもと、ベルリンで蛋白質化学を研究し、留学先から戻った鈴木梅太郎はエイクマンの研究に注目した。白米給餌で発症したハトとネズミの脚気が米糠で回復するのを確かめた上で、米糠から有効成分の抽出に着手した。1910年に抽出に成功し、脚気（beriberi、ベリベリ）を抑えるという意味で『アベリ酸』と命名したが、翌年『オリザニン』とした。しかし、当時日本医学界重鎮の一人で陸軍軍医森林太郎（森鷗外）をはじめとして、陸軍軍部は鈴木の発見を無視した。

　鈴木の発見に遅れて1年、1911年12月にポーランド生まれの生化学者カシミール・フンクが米糠から脚気の有効成分を抽出し、"生命に不可欠なアミン（アミン基を持つ化合物）"という意味から『ビタミン（vitamine）』と命名し、新栄養素発見と喧伝した。1929年度ノーベル生理学・医学賞をビタミンの存在を明らかにした業績で受賞したのは、エイクマンと微量栄養素研究の草分けでビタミンに関する業績もあった、イギリスの生化学者フレデリック・ゴーランド・ホプキンスであっ

● 鈴木梅太郎（1874-1943）
1993年に日本から発行された文化人切手3種の一つ。没後50年を記念し、鈴木梅太郎の肖像と、背景にビタミンB₁の化学構造式が描かれている。（Scottカタログ 2218／原寸の1.26倍）

● カシミール・フンク（1884-1967）
1992年にポーランドから発行されたポーランド出身の偉人切手5種の一つ。フンクの肖像と署名、そして錠剤を意味する赤い丸と、それがビタミンBであることが示されている。
（Scottカタログ 3083、A981／原寸の1.42倍）

● クリスチャン・エイクマン（1858-1930）
1993年にオランダから発行されたオランダ人のノーベル賞受賞科学者の切手3種の一つ。エイクマンの肖像と、左側に細長いタイ米が描かれ、波線の下は薄く色づけされていて、上部は精白米を、下部は未精白米を表している。（Scottカタログ 843、A305／原寸の1.40倍）

た。以降も、この種の生理活性物質は発見されたが、必ずしもアミンではないためにvitamineのeは外し、『ビタミン（vitamin）』として今日に至る。

世界で最初に『ビタミン』を発見しながらノーベル賞を逸した鈴木は、1913年『ビタミンB₁（オリザニン）』の結晶化に成功。1943年に文化勲章を受賞し、その年の9月20日に腸閉塞が原因で東京の慶應病院で亡くなった。時に70歳であった。

[参考資料] 1) 地球人ライブラリー編：日本科学者伝．地球人ライブラリー、小学館、1996. 2) 山崎幹夫著：毒の話．中公新書、中央公論新社、1999. 3) 竹内均：科学の世紀を開いた人々（上）．ニュートンプレス、1999. 4) 山崎幹夫著：歴史の中の化合物―くすりと医療の歩みをたどる―．東京化学同人、1996. 5) 吉村昭著：日本医家伝．講談社、2002.

25

合成ワクチンへの道を拓いたポリオとの闘い
──ポリオを克服したルーズベルト

　第二次世界大戦がほぼ終局を迎えて、戦勝3国アメリカ、ソ連、イギリスの指導者は戦後処理に思惑を巡らせた。黒海沿岸にあるクリミア半島でのヤルタ会談は、戦後処理の最終調整を目的に、1945年2月4日から始まった。イギリス首相ウィンストン・チャーチル、ソ連首相イオシフ・スターリンとの会談に臨んだアメリカ大統領フランクリン・デラノ・ルーズベルトにとっては、自己の死を早めた長旅と交渉であった。

　ハーバード大学時代から"将来は大統領"と言って憚（はばか）らなかったルーズベルトは、1921年8月、カナダの避暑地ニューブランズウィック州キャンポベロ島で遊泳中、突然ポリオに罹患し、下半身不随の闘病生活を余儀なくされた。妻のエレノア夫人は政界への望みを捨てず、夫と一緒に難病に立ち向かい、3年後松葉杖による歩行を可能にしたばかりか、1933年3月4日、夫を念願の第32代大統領に就任させた。

　大昔から人と共存してきたポリオウイルスの血流への侵入は、通常胃腸系を介したが時に神経系を侵し、1940年代から50年代に罹患した人達の中には残りの人生を"鉄の肺"による生活を強いられた。1949年、ハーバード大学医学部は"ポリオウイルスの増殖をレッサーモンキーの腎組織で成功"と報じた。また、ピッツバーグ大学医学部のジョナス・エドワード・ソーク教授は先駆的な研究を行い、特殊な腎組織培養液を作製し、1952年世界で最初に人に接種可能なワクチンを作ることに成功した。1955年4月12日、ポリオ財団はソーク博士のワクチンが安全・強力・効果的と、あらゆる手段で宣伝した。ちょうど財団創設に関わったルーズベルト大統領の10回忌にあたり、アメリカの新聞はこぞって"ソーク博士がポリオ撲滅"と書きたてた。アンナ・エレノア・ルーズベルト大統領夫人は、社会事業の一環としてポリオ財団を生涯にわたって積極的に支援した。

　ソークワクチンは、有毒な菌株をホルムアルデヒド処理した不活化ワクチンだった。複数回の注射投与で感染予防になったが、力価不足で腸内の強力なポリオウイルスにほとんど免疫性をつけず、ウイルス蔓延の恐れがあった。1959年、シンシナティ大学小児科教授アルバート・ブルース・セイビンは経口可能な弱毒化したポリオウイルスの生ワクチンを開発し、優れた免疫性を与えた。経口投与が可能なばかりか、免疫持続時間が長く、ソークワクチンに取って替わった。ポリオワクチンの開発は、以降ウイルスに対して安全でより効果的な"合成ワクチン"を可能とした。

　1944年11月7日、大統領4選を果たし、1945年2月の8日間にわたるヤルタ会談を終えたルーズベルトは、ジョージア州ウォー

● フランクリン・デラノ・
　ルーズベルト（1882-1945）
1945年にアメリカから発行されたルーズベルトの切手4種の一つで、ジョージア州ウォーム・スプリングズにある彼の別荘を背景に肖像が描かれている。ポリオ罹患後の一療法にルーズベルトはジョージア州の温泉を利用したが、彼の別荘は"Little White House"と呼ばれた。
（Scottカタログ 931, A378／原寸の1.7倍）

● アルバート・ブルース・セイビン
　（1906-1993）
1994年にブラジルから発行された切手で、子供に囲まれた温顔のセイビンが描かれ、切手の下枠外に"セイビンを讃える−ポリオ撲滅"とポルトガル語で書き添えられている。
（Scottカタログ 2467, A1322／原寸の1.33倍）

● ジョナス・エドワード・ソーク
　（1914-1995）
1991年にトランスカイ（現南アフリカ属）から発行された医・科学者シリーズの切手4種の一つ。ソークの肖像とポリオワクチンの接種情景が描かれ、切手の上枠外に"今、貴方の子供に免疫性を与えなさい"と書き添えられている。
（Scottカタログ 261, A53／原寸の1.65倍）

ム・スプリングズで静養していた。肖像画のためにポーズをとり、書類に目を通していた彼が、突然頭を抱え、前のめりに倒れ込んだ。「頭の後が割れるように痛い」が最後の言葉で、愛人ルーシー・ラザフォードに見守られ、息を引き取った。大恐慌、第二次世界大戦と建国以来の危機を克服し、20世紀を"アメリカの世紀"としたルーズベルトが、1945年4月12日に亡くなった。死因は脳出血、63歳だった。

［参考資料］1）P・アコス、P・レンシュニック著、須加葉子訳：現代史を支配する病人たち．新潮社、1978．2）ネストール・ルハン著、酒井シズ監訳：歴史上の人物―生と死のドラマ―．メディカル・トリビューン、1990．3）産経新聞「ルーズベルト秘録」取材班：ルーズベルト秘録（上・下）．扶桑文庫、産経新聞ニュースサービス、2001．4）高崎通浩著：歴代アメリカ大統領総覧．中央公論新社、2002．5）ジョン・マン著、竹内敬人訳：特効薬はこうして生まれた．青土社、2002．

客観的診断を可能とした聴・打診の発明
——村人に診断されたショパン

　ピアノの前に何時間も座り、悪夢に魘されながら作曲した。降り止まぬ雨が、スペインはマジョルカ島のカルトゥジア会修道院の屋根に烈しく音を立てた。雨だれの音がメロディを伴奏し、珠玉の『24のプレリュード』は誕生した。「彼が苦しそうに咳をし始めると、私達は村人の恐怖の的となった」とジョルジュ・サンドはしたためた。1838年11月の安らぎとなるはずの旅行は惨憺たるもので、フレデリック・フランソア・ショパンの肺に結核が根をしっかりと下ろしていた。

　古代ギリシャ・ローマの時代から17世紀まで、結核の診断・治療に大きな進歩はなかった。17世紀末には、治療として気候療法や乗馬療法が勧められたが、聴・打診による診断法の登場は19世紀である。1808年、ブドウ酒樽を叩いて反響を確かめる父親にヒントを得たオーストリアの医師レオポルド・アウェンブルッガーが診察に初めて胸部打診法を採り入れた。長年陽の目をみなかったが、光をあてたのはフランスの青年医師ルネ・テオフィル・ヤサント・ラエンネックである。

　1819年刊行の『間接聴診法』の中で、ラエンネックは「1816年に心臓病で苦しむ若い女性を診察したが、非常に太っていて、打診、触診、いずれも役立たなかった。直接胸に耳をあての聴診は、若い女性に憚った」と述べ、とっさに丸めた紙束の筒を介して聞いた鮮明な音への驚きを吐露している。この発明は病状の客観的把握を可能にしたが、聴診器として今日の形態となるには、更なる時間を必要とした。

　多くの人が聴診器改良の必要性に気づき始めた矢先、1826年8月13日、医学史上最初の聴診器を発明したラエンネックが肺結核の犠牲となった。改良の必要性を感じた一人に、ウィーン大学内科学教授ヨーゼフ・スコーダがいた。ラエンネックが肺疾患に関心を抱いたのに対し、心疾患の心音に興味を寄せて強弱・雑音を区別した。さらに、臓器に含まれる空気の量・分布・張力などを打診で推し測り、打診音を大小、清濁、高低、鼓音・音鼓音の4型に分け、1839年『打診と聴診の研究』を出版した。

　ラエンネックが1819年に肺疾患の診断法を公にした翌年の1820年、ヴィクトリア女王の侍医ジェームズ・クラークが『慢性病の予防と治療における気候の影響』を出版し、肺病の治療に気候療法を勧め、当時最先端の医療を施していた。1847年夏までの10年間にわたるジョルジュ・サンドとの同棲生活は、ショパンに音楽的創造力を最も掻き立てた。破局から、精神的・肉体的に、芸術的活動にも急激な衰えをみせ始めた1848年、ショパンはイギリスへ演奏旅行に発った。ロンドンで肺病の権威クラーク医師の診察を受けたが、

● フレデリック・フランソア・ショパン (1810-1849)（右上）
1947年にポーランドから発行された「科学者と文化人」8種の一つで、ショパンの肖像が描かれている。
（Scottカタログ 398、A132／原寸の1.36倍）

● ルネ・テオフィル・ヤサント・ラエンネック
（1781-1826）（右下）
1952年に、聴診器発明の功績を讃えてフランスから発行されたもので、ラエンネックの肖像が描かれている。
（Scottカタログ 685、A227／原寸の1.54倍）

● ヨーゼフ・スコーダ (1805-1881)（左下）
1937年にオーストリアからウィーン医学派を称えて発行された9種の一つで、スコーダの肖像が描かれている。
（Scottカタログ B159、SP92／原寸の1.65倍）
ちなみに、この9種の一つに診察に打診法を初めて採り入れたレオポルド・アウェンブルッガーが含まれている。

温暖な土地への転地療養を勧められたに過ぎなかった。

ロンドンからパリに戻った翌年10月、衰弱が激しかった。自らの終焉を悟って、「私の追悼にはモーツァルトを」と懇願したピアノの詩人ショパンは、1849年10月17日、肺結核がもとでパリで亡くなった。39歳。マドレーヌ寺院での葬儀に、モーツァルトの『レクイエム』が歌われ、自らの曲『葬送行進曲』が演奏された。

[参考資料] 1) ディーター・ケルナー著、石山昱夫訳：大音楽家の病歴―秘められた伝記―．音楽之友社、1979. 2) 五島雄一郎著：音楽夜話―天才のパトグラフィー．講談社、1985. 3) シャーウィン・B・ヌーランド著、曽田能宗訳：医学をきずいた人びと―名医の伝記と近代医学の歴史―（上）．河出書房新社、1995. 4) S・J・ライザー著、春日倫子訳：診断技術の歴史―医療とテクノロジー支配―．平凡社、1995. 5) クルト・バーレン著、池内紀訳：音楽家の恋文．西村書店、1996.

切手にみる病と闘った偉人たち 15

身体機能を機械の言葉に翻訳した心電計の発明
——心臓病学の発展に貢献大きいアイゼンハワー

　1944年6月6日、気紛れなイギリス海峡の気象条件をものともせず、ドワイト・ディビット・アイゼンハワー連合軍最高司令官の指揮下、ノルマンディー上陸作戦が開始された。第二次世界大戦の戦況を決める発端になり、8月25日、パリがドイツ軍から解放された。

　近代医学のルネサンスともいえる19世紀、身体の生理機能の変化を捉え、疾病診断の一指標にという気運が高まった。試みの種々が数値や図形で表現され、その一つに心臓から発する活動電流があった。動物実験で多くの研究者が、心臓の律動に伴い電流の発生を突き止めた。1872年、ソルボンヌ大学の物理学者ガブリエル・リップマンが電位計を発明し、急激に変動する微小電位差を記録可能とした。人の心臓が発生する電流を世界で初めて記録したのは、イギリスのオーガスタス・D・ウォラー医師だった。しかし、リップマンの発明した水銀柱を用いた電位計は、操作が難しく、故障しやすく、反応が遅く、電気的変化を瞬時に正確に捉えるのは至難だった。

　1901年、オランダのライデン大学生理学教授ヴィレム・アイントホーフェンは導線式検流計タイプの心電計の作製に成功し、「得られる図形は器種に左右されず、何時・何処で記録しても即座に比較できる」と公表した。得られた図形は理解しやすく、非常に正確で、再現性があった。折から、電気の新しい利用開発に世間の関心が高まっていたこととも相俟り、臨床医が心電計を用い、世界中で研究が始まった。

　アイントホーフェンの開発した心電計を用いて心疾患の臨床診断への道を拓いた一人で、今日の心電図解読のパラメータの基礎を築いたのは、ロンドン大学のトマス・ルイス教授である。『心臓病予防の父』と敬迎され、今日の心臓病学を確立したポール・ダドレイ・ホワイト博士は、1913年から1年間、彼の下に留学した。心臓の精密な仕組みを死んだ動物の解剖から学び、ヨーロッパで汎用されだした心電計の操作と心電図学の手解きを受けたホワイトは、心電計を携えてボストンのマサチューセッツ総合病院に戻った。当時、人の心電図の時間的間隔は心臓の大きさへの依存が知られていたものの、上限は不明であった。標準化を目指し、象や鯨などの大きな哺乳動物を対象に、ホワイトは研究に没頭した。心電図の棘波にPQRSTの名称を付けたアイントホーフェンは、『心電図記録法の発見』で1924年にノーベル生理学・医学賞を受賞した。

　ホワイト博士にとって1955年9月24日は、生涯忘れられない日となった。アイゼンハワー大統領が心臓発作に襲われ、診察依頼

● ヴィレム・アイント
　ホーフェン
　（1860-1927）
1993年にオランダから発行された「オランダ人のノーベル賞受賞科学者」の切手3種の一つ。アイントホーフェンの肖像と、彼が名づけた心電図の棘波PQRSTの図形が描かれている。（ScottカタログB842、A305／原寸の1.34倍

● ドワイト・ディビット・アイゼンハワー（1890-1969）
1969年にアメリカから発行されたアイゼンハワー大統領追悼の記念切手で、アメリカ国旗を背景に、アイゼンハワーの肖像が描かれている。（Scottカタログ1383、A805／原寸の1.39倍）

● ポール・ダドレイ・ホワイト（1886-1973）
1986年にアメリカから発行されたホワイト生誕100年を記念したもので、グレート・アメリカン・シリーズ（1980年シリーズ）63種の一つ、ホワイトの肖像が描かれている。ちなみに、この63種にはホワイトを入れて医師5名が含まれている。（Scottカタログ2170、A1553／原寸の1.68倍）

を受けたホワイトは、翌朝デンバー空港に降り立った。回復は順調で、11月11日、博士は大統領とワシントンのホワイトハウスに戻った。この出来事で、ホワイトの得た社会的名誉は大きく、医療活動の推進にも大きな力となり、心臓病学領域を中心に多くの業績を残した。

第34代アメリカ大統領を務めたアイゼンハワーは、1969年3月28日、ワシントンD.C.で亡くなった。第二次世界大戦を勝利に導いた国民的英雄も、度重なる心臓発作にはうち勝てず、79歳であった。

［参考資料］1) 本橋均著：絃の影を追って―W・Einthovenの業績―．医歯薬出版、1969．2) P・アコス、P・レンシュニック著、須加葉子訳：現代史を支配する病人たち．新潮社、1978．3) ポール・D・ホワイト著、早瀬正二監訳：大統領からくじらまで―心臓病予防の父ホワイト博士の自叙伝―．日本心臓財団、1980．4) S・J・ライザー著、春日倫子訳：診断術の歴史―医療とテクノロジー支配―、平凡社、1995．5) 高崎通浩著：歴代アメリカ大統領総覧．中央公論新社、2002．

31

マラリアの原因と治療薬の探求
——ルイ14世を虜(とりこ)にした秘薬

　1654年6月7日、フランス王ルイ14世の戴冠式がパリ郊外のランス大聖堂で執り行われた。在位時、ノートルダム寺院が修復され、ルーブル宮殿が完成し、沼地からシャンゼリゼが造られ、ビクトワール広場やヴァンドーム広場などが生まれ、パリ繁栄の礎(いしずえ)が築かれた。

　マラリアは原因不明なばかりか、何世紀にもわたり、多くの人々を苦しめ、死に至らしめてきた。沼地・湿地からの発散物が原因とされていた18世紀、イタリアでマラリア（Malaria、悪い空気）なる新語が誕生した。1880年11月6日、フランス人軍医シャルル・ルイ・アルフォンス・ラヴランが駐屯地アルジェリアで人赤血球内に微細な有機体を見いだし、マラリア原虫と命名した。感染経路の謎を解いたのは、インドで医官を務めるイギリス人医師ロナルド・ロスとイタリアの医師ジョバンニ・バッティスタ・グラッシだった。2人の功名争いは熾烈だった。

　1894年、「マラリアの蚊による伝播」仮説をロンドンで医師パトリック・マンソンから聞き、インドに戻ったロスは、たび重なる失敗の末、1897年8月16～20日の実験で蚊の胃壁内にマラリア原虫の存在と成育を発見した。翌年3月、マラリアに罹患した鳥を吸血した雌の蚊の胃壁内で成育したマラリア原虫が、唾液腺内へ移動し、刺すことで蚊から人などへの感染を突き止める。同年秋、イタリアのマラリア発生地域の較差は蚊の種類によると考えたグラッシは、40種類もの蚊を採集し、ハマダラカの雌こそがマラリア原虫の運搬者と同定した。マラリア治療の手がかりを発見した3人だが、ノーベル生理学・医学賞の受賞は、ロスが1902年、ラヴランが1907年だった。

　1630年頃から、ペルーのリマでカトリック修道会のひとつ、イエズス会の修道士たちは、マラリアに南米産キナの樹皮が有効と知っていた。1632年、多量のキナの樹皮がマラリアの流行するヨーロッパに船積みされ、医薬業界の猛反対にもかかわらず、「イエズス会の粉末」としてヨーロッパに多大な恩恵をもたらした。1668年頃、マラリアが大流行したロンドンでロバート・タルボーなる人物が、王チャールズ2世をはじめロンドンの疾病を秘薬で治し、王の絶大な信頼を得た。同じ頃、フランス王ルイ14世の皇太子がパリで猛威を奮うマラリアに罹患した。チャールズ2世がパリに遣わしたタルボーは、病を速やかに治し、薬の秘密をルイ14世は知りたがった。随分後に、秘薬が他ならぬ「イエズス会の粉末」と判明する。

　1820年9月10日、フランスの化学者ピエール・ジョセフ・ペルティエとジョセフ・ビアネメ・カヴァントゥーが南米産キナの樹皮からマラリアに効く成分アルカロイドの抽出に成功し、樹皮の産地名キナにちなみキニーネと命名した。1945年、化学構造を決定したのはアメリカのロバート・バーンズ・

● ルイ14世（1638-1715）
1970年にフランスから発行された切手3種の一つ。1682年5月6日からルイ14世とその宮廷が移ったベルサイユ宮を背景にルイ14世が描かれている。（Scottカタログ 1288、A551／原寸の1.12倍）

● シャルル・ルイ・アルフォンス・ラヴラン（1845-1922）
1954年にアルジェリアから発行された、アルジェリアで活躍したフランス人医師3名の切手の一つ。軍服姿のラヴランの肖像と、背景に病院、研究所、兵舎が描かれ、「ノーベル賞、マラリア原虫発見」と書き添えられている。（Scottカタログ 252、A42／原寸の1.46倍）

● ピエール・ジョセフ・ペルティエ（1788-1842）とジョセフ・ビアネメ・カヴァントゥー（1795-1877）
1970年にフランスから「キニーネ発見150年」を記念して発行された切手。2人の横顔の肖像を左に配し、右にマラリア病原体を殺すキニーネの化学構造式が描かれ、「1820年にキニーネ発見」と書き添えられている。（Scottカタログ 1268、A537／原寸の1.11倍）

ウッドワードで、1965年ノーベル化学賞が授与された。

　度重なる戦争で国民は疲弊し、権力低下の反動から宗教的狂信に駆り立てられたルイ14世晩年の治世は悲惨だった。フランス革命へ発展する舞台が整った1715年8月、太陽王ルイ14世は足壊疽を発病し、9月1日、77歳で亡くなった。

[参考資料] 1）ポール・ド・クライフ著、秋元寿恵夫訳：微生物の狩人（下）．岩波文庫、岩波書店、1983．2）シンガー・アンダーウッド著、酒井シズ、深瀬泰旦訳：医学の歴史―メディカルサイエンスの時代―（2）．朝倉書店、1986．3）B・S・ドッジ著、白幡節子訳：世界を変えた植物―それはエデンの園から始まった―．八坂書店、1988．4）P・A・ホームズ著、北川重男訳：ルイ14世．西村書店、1989．5）ノーマン・テイラー著、難波恒雄、難波洋子訳：世界を変えた薬用植物．創元社、2000．6）ネストール・ルハン著、日経メディカル編：天才と病気．日経BP社、2002．

切手にみる病と闘った偉人たち 17

「海のペスト」壊血病とビタミンCの発見
——万能薬としたポーリング

　1950年代、科学者はタンパク質と遺伝に関わる物質の正体解明を競っていた。アメリカの化学者ライナス・ポーリングが、化学結合の本質に結晶や分子構造決定の基礎原理となる「量子力学的共鳴」の考えを導入し、成功させた。遺伝子に興味を抱いた一人に、彼がいた。

　造船術と航海術の進歩が、1440年以降西ヨーロッパの人達に大航海を可能にした。その結果、船乗りの多くが歯茎は冒され、手足が腫れ、全身に及んだ腫れは死ぬまでひかず、「海のペスト」と恐れられた。イギリス海軍軍医ジェイムズ・リンドは、「海のペスト」壊血病に強い関心を抱いた。1747年夏、乗船した軍艦ソールズベリー号2回目の航海時、ひどい壊血病が発生した。献立6種を14日間にわたり対照群を設けて検討し、6日後、回復はオレンジとレモン摂取者に顕著となった。「海上での壊血病に最も効果的な治療はオレンジとレモン」と結論し、1753年『壊血病論集』を刊行した。イギリス海軍が彼の意見を正式に採用したのは、リンドの没後であった。

　1907年、ノルウェーのクリスチャニア大学細菌・衛生学教授アクセル・ホルストと小児科医テオドール・フレーリッヒは、壊血病の原因が食事組成次第とモルモットで証明したが、発展はなかった。1916年から有効成分の抽出が始まり、不安定な還元物質と判明した。

ラット発育の必須因子が「A」「B」とされていて、抗壊血病因子は自ら「補助因子C」と呼ばれた。やがてビタミンCとなり、純粋分離の先陣争いとなった。成功したのは、ハンガリーの生化学者アルベルト・フォン・ナジラポルト・セント＝ジェルジ。翌1933年、イギリスの有機化学者ウォルター・ノーマン・ハースが構造決定。2人は抗壊血病(antiascorbic)の酸という意味でアスコルビン酸と命名した。化学合成はスイスのタデウシュ・ライヒシュタインが先鞭をつけた。ノーベル賞の栄誉は、1937年ジェルジに生理学・医学賞、ハースが化学賞、ライヒシュタインは1950年度生理学・医学賞に輝いた。

　1951年ポーリングはタンパク質構造の「らせん状」を明らかにし、遺伝子がDNA、デオキシリボ核酸と判明した1952年頃から構造解明に手を染めた。1951年10月からDNA研究に没頭したケンブリッジ大学キャンベンディッシュ研究所のアメリカの遺伝学者ジェームズ・ワトソンとイギリスの生化学者フランシス・クリックは、『Nature』誌に投稿されたポーリングの論文コピーを1953年2月に入手し、安堵した。DNAを「三重らせん」としたポーリングに対し、2人は「二重らせん」との確証を得ていた。

　科学領域で2つ目のノーベル賞を逸したポーリングだが、1954年ノーベル化学賞、

● **ライナス・ポーリング（1901-1994）**
1977年にオートボルタ共和国から発行された「ノーベル賞」切手5種の一つ。ポーリングの肖像、その傍らに原子爆弾実験の風景、彼の研究のベンゼン核の構造式、そして「1954年ノーベル化学賞」と書き添えられている。（Scottカタログ 443、A141／原寸の1.06倍）

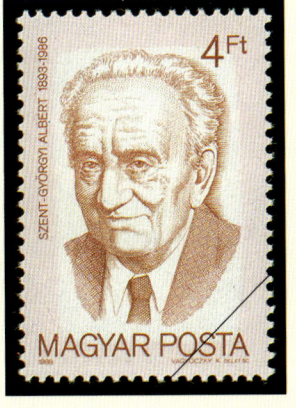

● **アルベルト・フォン・ナジラポルト・セント＝ジェルジ（1893-1986）**
1988年にハンガリーから「ノーベル賞受賞者」切手として発行された6種の一つ。ジェルジの肖像が描かれている。（Scottカタログ 3157、A858／原寸の1.25倍）

● **ジェイムズ・リンド（1716-1794）**
1993年にトランスカイ（現南アフリカ属）から「医学のパイオニア」シリーズとして発行された4種の切手の一つ。リンドの肖像と、背景に彼が船員に柑橘類の果物を与えている風景が描かれ、「イギリス海軍で壊血病をなくすのにリンドは柑橘類の果物を推奨した」と書き添えられている。（Scottカタログ 293、A60／原寸の1.42倍）

1962年ノーベル平和賞を受賞した。1969年頃から、ビタミンCに関心を抱いた彼は、風邪やがんに効く万能薬と唱え、1日数グラム摂取を実践した。アメリカの医学・薬学学会の猛烈な反対にもめげず、頑強に反論した晩年だった。

20世紀最大の科学者の1人、戦闘的な平和運動家で、分子生物学の生みの親ともいえるポーリングは、1994年8月19日、前立腺がんで亡くなった。時に、93歳であった。

[参考資料] 1) 丸山工作著：生命現象を探る—生化学の創始者たち—．自然選書、中央公論新社、1972．2) 丸山工作編：ノーベル賞ゲーム．岩波書店、1989．3) 三浦賢一著：ノーベル賞の発想．朝日選書、朝日新聞社、1990．4) 竹内均編：科学の世紀を開いた人々（上）．ニュートンプレス、1999．5) ケニス・J・カーペンター著、北村二朗、川上倫子訳：壊血病とビタミンCの歴史—「権威主義」と「思い込み」の科学史—．北海道大学図書刊行会、1998．6) テッド・ゲーツェル、ベン・ゲーツェル著、石館康平訳：ポーリングの生涯—化学結合・平和運動・ビタミンC—．朝日新聞社、1999．

近代微生物学の道を拓いた偉大な先駆者
——細菌学に終生拒否反応を示したファーブル

　"フシダカバチに襲われ死んだはずのゾウムシが糞する"のを観察したことがきっかけで、1854年の『自然科学年報』に掲載されたレオン・デュフールの論文「フシダカバチの習性」に誤りを見つけ、正したことが生涯を決めた。1855年、論文にまとめて『自然科学年報』に発表し、フランス学士院から実験生理学賞を得た。ジャン・アンリ・ファーブル、南フランスはアビニョンの師範学校教師だった。

　酒石酸とパラ酒石酸塩は分子量も化学組成も同一なのに、前者は偏光面を右に廻し、後者は光学的に不活性が知られていた。この謎を解いたのが26歳のルイ・パスツールで、ファーブルが生まれる1年前の1822年、東フランスに生まれた。この仕事が、立体化学の道を拓き、彼自身の研究の出発点となった。

　1854年、リール大学物理学部長に就任したパスツールに、リールの醸造業者がアルコール発酵の変質対策を依頼した。正常なアルコール発酵には必ず酵母が存在し、微生物（乳酸菌）の混在で変質が生じて乳酸が生成されるのを観察した。1857年、「アルコール発酵に関する報告」「乳酸発酵に関する報告」として公表した。当時の生化学の権威者、ミュンヘン大学化学教授ユストゥス・フォン・リービッヒが唱え、定説となっていた発酵学説の誤りを正すものだった。リービッヒは、"発酵は生命現象ではなく、解体現象で、窒素を含め有機化合物の非生物的分解に基づき進行する"としていた。近代化学史上に巨大な足跡を残したリービッヒだが、微生物が新しく台頭してきて、自己の誤謬が明らかとなっても、終始反動的立場は崩さなかった。

　南フランス一帯で蚕に流行する病気の解明に乗り出したパスツールは、蚕について教えを乞おうと、1865年、アビニョンのファーブルを訪ねた。しかし、友である昆虫に無知なばかりか、傲慢なパスツールにファーブルは親しみを持てなかった。アルコール発酵、ブドウ酒の問題に関心の高いパスツールが、貧乏教師ファーブルの酒蔵見学をしつこく所望したのも印象を悪くした。フランスきっての名門エコール・ノルマルの教授で斯界の名士と田舎教師とでは、境遇があまりにも違いすぎた。この訪問は、ファーブルをして終生細菌学への拒否反応を示す一因ともなった。1868年、脳出血に見舞われ、左半身不自由なパスツールは、蚕の病気の予防を見いだし、1870年、成果を出版した。彼にとって蚕の病気は、その後の伝染病研究の大きな手がかりとなった。

　パスツールは、発酵の研究でビール、ブドウ酒の変質や酸化を防ぎ、動物の炭疽病や蚕の病気を解明して予防を確立したばかりか、狂犬病に代表される伝染病の予防ワクチンの

● **ユストゥス・フォン・リービッヒ（1803-1873）（左上）**
1978年に東ドイツから発行された「著名人シリーズ」7種の一つで、左にリービッヒの肖像が、右に農芸化学のシンボル麦の穂とレトルトが描かれ、レトルト内には肥料の三要素である窒素、リン、カリウムの元素記号N、P、Kが描かれている。ちなみに、カルシウムを加えて肥料の四要素ということもある。（Scottカタログ 1926, A584／原寸の1.27倍）

● **ジャン・アンリ・ファーブル（1823-1915）（右上）**
1956年にフランスから発行された「発明者・研究者シリーズ」4種の一つで、虫眼鏡で糞の玉（育児用のナシ玉）を転がすスカラベを観察するファーブルが描かれ、下に昆虫学と書き添えられている。ちなみに、スカラベの幼虫はナシ玉の中身を食べて育ち、1か月ほどで蛹となり、さらに1か月経て羽化して成虫になるが、玉の中に閉じこもったままで、秋雨が地中に染み込みナシ玉は粘土のように柔らかくなって、虫は外に出る。（Scottカタログ 790, A272／原寸の1.25倍）

● **ルイ・パスツール（1822-1895）（右下）**
1973年にフランスから発行された「著名人シリーズ」7種の一つで、パスツールの肖像と、背景に彼の代表的な業績が顕微鏡、実験器具などと共に描かれている。（Scottカタログ B468, SP259／原寸の1.36倍）

作製にも成功した。近代微生物学への道を拓いた偉大な先駆者パスツールの業績に報いるために、人々は感謝の心からパスツール研究所設立に乗り出し、世界中から寄付が寄せられた。

文化史上の一大金字塔ともいえる『昆虫記』全10巻を1879年から1907年にかけて出版した昆虫の詩人ファーブルが、南フランスはセリニャン村のアルマスで、1915年10月11日、尿毒症が原因で亡くなった。91歳だった。遺言により墓石にはラテン語で"死は終わりではない、高貴な生への入口である"と刻まれている。

[参考資料] 1) ルネ・デュボス著、竹田美文訳：ルイ・パストゥール（1、2、3）．講談社学術文庫、講談社、1979. 2) ポール・ド・クライフ著、秋元寿恵夫訳：微生物の狩人（上）．岩波文庫、岩波書店、1983. 3) 川喜田愛郎著：パストゥール．岩波書店、1995. 4) 奥本大三郎著：博物学の巨人、アンリ・ファーブル．集英社新書、集英社、1999. 5) 竹内均編：科学の世紀を開いた人々（下）．ニュートンプレス、1999. 6) 中村禎里著：生物学を創った人々．みすず書房、2000. 7) 長野敬著：生物学の旗手たち．講談社、2002.

近代の「精神病学」と「神経病学」の誕生
——病的心理を内面から描写したモーパッサン

　1891年、母親へ宛てた手紙に「目の病状は変わりなく、大脳の神経疲労によるものと確信しています。物を書くことが辛く、手の動きは思考に上手く伴いません」と心の内を吐露している。1890年以降、精神分裂症状、夜間恐怖症が現れだした自然主義作家ギー・ド・モーパッサンの描く世界は常に皮相的で、『脂肪の塊』を皮切りに、『女の一生』『ベラミ』などの長編小説を世に出した。

　古代ギリシャ時代、狂気に襲われる英雄たちが『ホメロス』に登場し、医聖ヒポクラテスは"精神の病"の原因は精神中枢の脳にあると指摘した。以降長年、解剖学的知識を除けば、本領域の病因・治療に大きな進展はなかった。17～18世紀は、精神病者への迫害で悲惨な時代だった。しかし、フィリップ・ピネルが登場して、新しい時代が始まった。精神病者への非人間的扱いを批判し、1793年ビセートル精神病院の鎖に繋がれた患者を解放した。1795年サルペトリエール病院医長となったピネルは、パリ医学校の衛生学、病理学教授に就任し、臨床観察を重視した体系化を試みて、近代精神医学を確立した。さらに、薬剤濫用を戒め、看護・治療にも革新をもたらした。

　ピネルの後継者ジャン・エネエンヌ・ドミニク・エスキロールは、ピネル同様に臨床観察を重視した。精神病の原因に環境と遺伝因子の重要性を唱え、精神病研究に大きな足跡を残した。これら正統的な精神医学の流れとは別に、18世紀半ばにもう一つの精神医学が"癒し"の治療として誕生した。催眠術や暗示療法を経て、20世紀に精神分析学へと発展する。19世紀末、ピネルの規定した"精神病"と同義語の"神経病"に、"精神病学"と"神経病学"として方向性を与えたのは、ジャン・マルタン・シャルコーである。

　1872年パリ大学病理解剖学教授、1882年サルペトリエール病院神経病学教授に就任したシャルコーは、癲癇患者と癲癇発作模倣のヒステリー患者の識別法を考案した。モーパッサンはシャルコーの説に懐疑的ではあったが、1884～1886年にかけてサルペトリエール病院で聴講し、得た知識を作品に生かそうと努めた。幻想、物の怪といった病的心理を内面から描写し、数々の短編小説をものにした。その一つが『ル・オルラ』（1886）で、シャルコーを連想させる精神科医が患者に病歴を語らせる形式で話が進む。自己の神経症的な強迫観念を見事な形で編みあげた作品である。この作品をはじめとして、モーパッサンは伝統的な幻想小説の近代化に大きく貢献した。

　精神分析学を打ち立てたジークムント・フロイトも、シャルコーに感化された一人で、1885年10月サルペトリエール病院に学ん

●ギー・ド・モーパッサン
　（1850-1893）
1993年フランスから「著名人（作家）シリーズ」として発行された切手6種の一つで、モーパッサンの肖像が描かれている。（ScottカタログB649、SP323／原寸の1.55倍）

●フィリップ・ピネル（1745-1826）
1958年フランスから「医学者シリーズ」として発行された切手4種の一つで、ピネルの肖像が描かれている。（Scottカタログ865、A306／原寸の1.54倍）

●ジャン・マルタン・シャルコー
　（1825-1893）
1960年フランスから「著名人シリーズ」として発行された切手6種の一つで、講義を行ったサルペトリエール病院を背景に、シャルコーの肖像が描かれている。（ScottカタログB344、SP213／原寸の1.55倍）

だ。器質性麻痺に対してヒステリー麻痺や催眠性麻痺の概念を導入したシャルコーは、神経病学にも大きな業績を残し、多発性硬化症、筋萎縮性側索硬化症（Charcot病）、Charcot-Marie-Tooth病などの神経系疾患をも記述し、「臨床神経病学の父」といわれる。

晩年、モーパッサンに梅毒末期と関連深い神経症、躁鬱、分裂病のあらゆる病状が現れた。1892年1月1日、ニースの母親の別荘で突然発狂状態に陥り、パリ郊外のパッシー精神病院に入院した。正気に戻ることはなく、1893年7月6日、43歳の生涯を閉じた。

[参考資料] 1) シンガー・アンダーウッド著、酒井シヅ、深瀬泰旦訳：医学の歴史―メディカルサイエンスの時代―（2）．朝倉書店、1986．2) ネストール・ルハン著、酒井シヅ監訳：歴史上の人物―生と死のドラマ―．メディカル・トリビューン、1990．3) 岩田誠：ペールラシェーズの医学者たち．中山書店、1995．4) 吉田城著：神経病者のいる文学．名古屋大学出版会、1996．5) マイヤー・シュタイネック・ズートホフ著、小川鼎三監訳：図説医学史．朝倉書店、2001．

近代生理学の夜明けと実験医学の創始
——感化された文豪ゾラ

　1898年1月13日、大統領宛の公開書簡「私は糾弾する」が『オーロール』紙に掲載された。夜の明けぬ早朝パリ、新聞史上空前絶後の反響を呼び、新聞は飛ぶように売れた。文豪エミール・ゾラは、ドレフュス事件が勃発すると真実と正義のために敢然と立ち上がった。告発したゾラに有罪判決が下り、7月18日イギリスへの亡命を余儀なくされた。

　近代生理学の誕生は、神経生理学の進歩に求められる。黎明期は、イギリスの解剖学者で外科医チャールズ・ベルの「新しい脳解剖学の考え方」、そして影響を強く受けたフランスの生理学者で内科医フランソワ・マジャンディの実験に始まる。1812年に雑誌『実験生理学』を創刊したマジャンディは、1811年ベルが発表した報告を詳細な実験で追求し、"脊髄前根は運動、後根は知覚を司る"という、今日の「ベル・マジャンディの法則」を1822年に実証した。

　近代病理学の創始者ルドルフ・ルードヴィッヒ・カール・ウィルヒョウが1858年に『細胞病理学』を出版した20年後、フランスの生理学者クロード・ベルナールは「内部媒質（内部環境、milieu interieur）」なる用語を導入し、"全身の細胞は内部媒質（血液、リンパ液）に浸され、生命に必要な物質をそこから摂取し、代謝最終産物をそこに戻し、その恒常性によって身体各部分のみならず、生命さえも適正に調節されている"と唱えた。パリ大学医学部を卒業したベルナールは、マジャンディに才能を認められ、1841年、彼の助手となって数々の業績を残し、「内分泌」「外分泌」という言葉を最初に用いた。業績の一端に、「膵液の消化作用」「肝グリコーゲン生成と貯蔵」「延髄穿刺による催糖尿病」「血管運動神経の機能」「クラーレと一酸化炭素との関連」などがある。

　実験医学の創始者ベルナールは、72歳で急死したマジャンディの後任として、1855年コレージュ・ド・フランスの医学部教授に就任した。しかし、長年の不衛生極まる生活で健康を害し、1860年故郷のサン・ジュリアンに戻り、研究生活の半生を振り返り、感想をまとめたのが名著『実験医学序説』である。本書が1865年に出版されると、フランス知識階級は競って読み、ゾラもその一人だった。

　自然科学に関心の高いゾラは、遺伝学、進化論、医学関連の本を読み漁った。とりわけ、ベルナールの『実験医学序説』に強く感化され、試験管内の化学反応を観察する冷徹な眼で、人間の運命が遺伝・環境・歴史の条件複合により、織りあげられる綾を描き出そうと試みた。自然科学的視点をとり入れ、第二帝政期（1848～1870）のフランス社会の激動の世相を描いた『ルーゴン・マッカール叢書』全20巻を1893年に完成し、世に出した。29

● クロード・ベルナール（1813-1878）
1978年フランスから「著名人シリーズ」として発行された切手6種の一つで、ベルナールの肖像が描かれている。（ScottカタログB510, SP278／原寸の1.44倍）

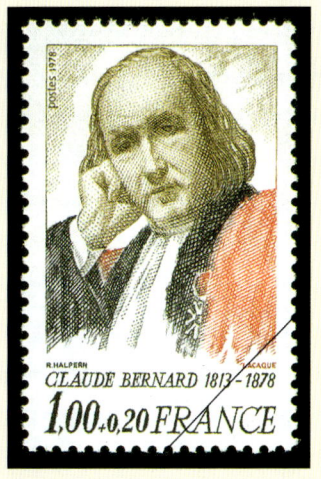

● エミール・ゾラ（1840-1902）
1967年フランスから「著名人シリーズ」として発行された切手4種の一つ。彼の一作品の情景を描写したものを背景に、ゾラの肖像が描かれている。（ScottカタログB404, SP238／原寸の1.43倍）

● フランソワ・マジャンディ（1783-1855）
1985年トランスカイ（現南アフリカ属）から「偉大な医学の先駆者」第4次シリーズとして発行された切手4種類の一つ。マジャンディの肖像と、背景には「近代栄養学」と業績が記され、実験器具が描かれている。（Scottカタログ111, A22／原寸の1.46倍）

歳で執筆構想に入り、24年を費やした。

1899年6月5日、ゾラが亡命先からフランスに帰国した。9月17日、大統領特赦命で、ドイツのスパイ容疑で逮捕されていたフランス陸軍参謀本部のユダヤ人、アルフレッド・ドレフュス大尉が釈放された。1902年9月29日、避暑地からパリの自宅に戻ったゾラ夫妻は、暖炉の不完全燃焼からガス中毒にかかり、ゾラは不帰の客となった。62歳だった。ドレフュス無罪確定後の1908年6月4日、遺骨は国民的英雄としてパンテオンに移葬された。

［参考資料］1）岩田誠著：ペールラシェーズの医学者たち．中山書店、1995．2）吉田城著：神経病者のいる文学．名古屋大学出版会、1996．3）アンリ・ミットラン著、佐藤正年訳：ゾラと自然主義．文庫クセジュ、白水社、1999．4）加賀山孝子著：エミール・ゾラ断章．早美出版社、2000．5）新関公子著：セザンヌとゾラ―その芸術と友情―．ブリュッケ、2000．6）科学朝日編：科学史の事件簿．朝日選書、朝日新聞社、2000．7）マイヤー・シュタイネック・ズートホフ著、小川鼎三監訳：図説医学史．朝倉書店、2001．

41

白いペスト、結核との闘い
——夭折を余儀なくされた樋口一葉

　病人が主人公の『闇桜』『うつせみ』をはじめ、『たけくらべ』『大つごもり』『にごりえ』『十三夜』『わかれ道』『われから』は、才能溢れた夭折の作家、樋口一葉の作品である。いずれも、当時の暮らしの中で人々が使った言葉によって病気が綴られている。奈津が戸籍名の一葉は、物心のついた頃から貧困と病に怯えていた。

　歴史に残る病気の中で、結核は「白いペスト」と恐れられていた。ドイツの片田舎の医師が、顕微鏡を頼りに独力で炭疽菌を発見し、特定の微生物が特定の病気を発病させることを明らかにした。その医師ロベルト・コッホは、あらゆる染料を用い、結核菌を染め出そうと試みた。苦闘の末、青色に染まった棒状の桿菌を見つけ、1882年3月24日ベルリンの学会で発表した。「結核菌発見」のニュースは、瞬く間に世界に広がった。1890年、結核治療薬ツベルクリンの作製に成功と公表した。後に、結核の診断には有効な一手段と実証はされたが、コッホの期待には大きく反したものだった。

　結核治療薬ツベルクリンの発見は、日本政府をしてコッホ研究所へ留学生の派遣を決意させた。しかし、コッホは「研究所にはすでに俊才北里柴三郎が居り、来るには及ばず」と断った。その報せに困惑した東京帝国大学内科教授青山胤通らだったが、その後も香港でのペスト菌発見の争いに北里の後塵を拝した。1905年にノーベル生理学・医学賞を受賞するコッホの下で、素晴らしい業績をあげ、1892年に帰国した北里に対する日本政府の態度は冷ややかだった。

　1896年4月、雑誌『文芸倶楽部』に『たけくらべ』が一括掲載され、森鷗外が激賞した。文壇に名声を得た矢先、樋口一葉は肺結核に罹患した。病状が増悪した秋、コッホの下で結核治療の研究にも関わった北里が診察を依頼されたが、診たのは森鷗外の紹介で青山教授であった。手の施しようもなかった。

　ツベルクリンの検査で診断の可能となった結核だが、更なる進展は1921年で、パスツール研究所のアルバート・カルメットとカミール・ゲランによるワクチン作製に見ることができる。畜牛より単離した結核株からワクチン製造に取り組み、動物・人に免疫を与えることに成功した。研究者らの名前をとり、BCG（細菌・カルメット・ゲランの頭文字）と命名され、世界的に予防処置の定番として何十年にもわたって子供に接種されてきた。しかし、いわゆる結核治療薬の登場は、アメリカ・ラトガース大学教授セルマン・アブラハム・ワックスマンの発見まで待たなければならなかった。彼とその研究チームは、病原性細菌に対して活性を持つ土壌細菌の集中的探索に着手した。1943年、土壌から採取した放線菌をもとにつくられた製剤ストレプトマイシンが結核に有効と発表した。1944年臨床治験が始まり、奇跡的な薬という評価を得たストレプトマイシンだが、副作用の難聴が問

● ロベルト・コッホ（1843-1910）
1960年ドイツ（ベルリン地区）から「コッホの死去50年」として発行された切手で、コッホの肖像と顕微鏡が描かれている。（Scottカタログ 9N173, A42／原寸の1.47倍）

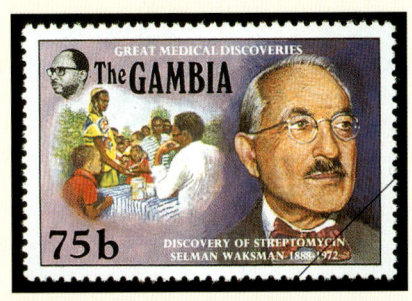

● セルマン・アブラハム・ワックスマン（1888-1972）
1989年ガンビアから「生理学に対するノーベル賞を授与された医学の偉大な発見」シリーズとして発行された切手8種の一つで、右側にワックスマンの肖像が、左側に治療風景が描かれている。なお、このシリーズにはコッホの切手も含まれている。（Scottカタログ 910, A143／原寸の1.21倍）

● 樋口一葉（1872-1896）
1942年から52年にかけて、日本から発行された「文化人シリーズ」の切手18種の一つで、樋口一葉の肖像が描かれている。ちなみに、森鷗外もこのシリーズに含まれている。（Scottカタログ 488, A256／原寸の1.74倍）

題だった。やがて、抗結核薬の主役はイソニアジド（INH）とパラアミノサリチル酸（PAS）へと移り、以降カナマイシン、リファンピシン、エタンブトールの開発へと発展した。ノーベル生理学・医学賞がワックスマンに授与された1952年、抗結核薬INHが登場した。

　明治29年（1896）11月23日、肺結核がもとで樋口一葉が東京は本郷区丸山福山町の自宅で息を引き取った。24歳と6か月という、余りにも短い生涯だった。

[参考資料] 1) ヘルムート・ウンガー著、宮島幹之助、石川錬次訳：ロベルト・コッホ―偉大なる生涯の物語―．冨山房，1943. 2) 立川昭二著：病いの人間史―明治・大正・昭和―．新潮社，1990. 3) 竹内均編：科学の世紀を開いた人々（下）．ニュートンプレス，1999. 4) マイヤー・フリードマン、ジェラルド・W・フリードランド著、鈴木邑訳：医学の10大発見―その歴史の真実―．ニュートンプレス，2000. 5) 長野敬著：生物学の旗手たち．講談社，2002. 6) ジョン・マン著、竹内敬人訳：特効薬はこうして生まれた．青土社，2002. 7) 青木正和著：結核の歴史．講談社，2003.

進化論を軸に発展した生物学と遺伝学
——自然界の現象を神から解放したダーウィン

切手にみる病と闘った偉人たち 22

　1860年6月、イギリス学術振興協会の会合において激論が交わされた。非難の嵐に晒されたのは、1859年11月24日に出版された『種の起源』で、"チャールズ・ダーウィンの進化論は人間が猿から進化したと主張"と、新聞は揶揄した。初版1,250部は、即日完売だった。

　生命への関心は古く、自然界を無生物→植物→動物→人間と連続的位置づけを示した古代生物学者の一人アリストテレスの思想は、18～19世紀の進化論に発展する。17～18世紀は生物学の啓蒙時代で、18世紀フランスの植物学者ジョルジュ＝ルイ・ルクレール・ビュフォンは、進化の可能性を筋道の通った思想で自然発生説を掲げ、生物学の研究・発展に大きな影響をもたらした。1809年、生物学史上名高い『動物哲学』を世に出し、啓蒙時代を締めくくったのはフランスの博物学者ジャン・バティスト・ピエール・アントワーヌ・ド・モネ・ラマルクで、進化論をはじめて体系的にまとめあげた。

　ケンブリッジ大学を卒業した1831年、ダーウィンは海軍の測量船ビーグル号に乗り込み、太平洋航海に出た。1836年、帰国した翌年から、集めた資料を整理し、ノートにまとめ始めた。思考を重ね、"種・亜種・変種・個体変異の間に絶対的区別はなく、変異が一定方向に積み重ねられ、新種が誕生"と結論づけ、『自然選択説』が誕生した。神の意志が自然の進化過程を支配するという考えから逃れえなかったラマルクに対し、ラマルクの『動物哲学』が出版された1809年に生まれたダーウィンは、生命現象のいかなる合目的な変異も非物質的原理と関係なく説明することができ、自然界の現象を神から解放した。

　『種の起源』の"生き物の形質は生殖行動で伝播される"という思想に、"要素"という考えを導入したのはグレゴール・ヨハン・メンデルである。1822年オーストリア領（現チェコ）シレジア地方に生まれたメンデルは、聖職のかたわら実験を行ったエンドウマメの"遺伝子（要素）"の研究成果を、1866年『ブリュン自然科学会誌』に「雑種植物の研究」と題して発表した。世間の関心は得られなかった。メンデルがダーウィンの進化論に強い関心を抱いたのは、所蔵していたダーウィンの著書『種の起源』『飼育動物・栽培植物の変異』に、多くの書き込みがなされていたことから伺えるが、いささか懐疑的であった節がみられる。

　メンデルが遺伝の法則を研究会誌に発表した1866年、アメリカの遺伝学者トーマス・ハント・モーガンが生まれた。純系のエンドウマメの交配で第1代に優性の形質のみが現れ、第2代に優性と劣性の形質が3対1で出現し、各々の形質は独立に遺伝するという"メ

● チャールズ・ダーウィン（1809-1882）
1959年にポーランドから「著名な科学者シリーズ」として発行された切手6種の一つで、ダーウィンの肖像が描かれている。（Scottカタログ880, A340／原寸の1.37倍）

● トーマス・ハント・モーガン（1866-1945）
1977年にコモロから「ノーベル賞75年記念」として発行された切手6種の一つで、左からコッホ、モーガン、フレミング、ミューラ、ワックスマンの肖像が描かれ、モーガンの前にはショウジョウバエと染色体が添えられている。なお括弧内はノーベル賞受賞年である。（Scottカタログ254, A52／原寸の1.08倍）

● グレゴール・ヨハン・メンデル（1822-1884）
1994年にオーストリアから「遺伝子発見者メンデル死去100年記念」として発行された切手で、メンデルの肖像とメンデルの法則が図示されている。（Scottカタログ1264, A660／原寸の1.09倍）

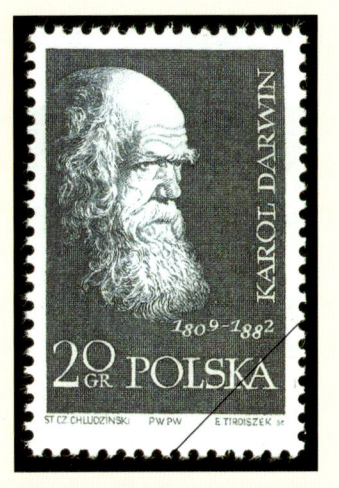

ンデルの法則"の正しさが、1900年、研究者3人により再発見された。モーガンは研究材料にショウジョウバエを用い、1910年から17年かけて目の色を決定する遺伝子と性を決める遺伝子が同一染色体上にあることを明らかにし、メンデルの業績を完成させ、その後の遺伝学の発展に大きく貢献した。長年、生物学者が暗黙裡に仮定していた遺伝子の存在を明らかにした業績で、1933年ノーベル生理学・医学賞がモーガンに授与された。

進化論の代名詞、19世紀の偉大な思想家ダーウィンは、1882年初めより心臓発作に悩まされた。4月18日夜、強い痛みに襲われ、翌朝ロンドン郊外のダウンの自宅で亡くなった。73歳。ウェストミンスター寺院に埋葬された。

[参考資料] 1) 松永俊男著：ダーウィンをめぐる人々．朝日選書、朝日新聞社、1987．2) ロイ・ポーター著、市場泰男訳：大科学者たちの肖像．朝日選書、朝日新聞社、1989．3) ピーター・J・ボウラー著、横山道雄訳：チャールズ・ダーウィン―生涯・学説・その影響―．朝日選書、朝日新聞社、1997．4) 竹内均編：科学の世紀を開いた人々（下）．ニュートンプレス、1999．5) 中村禎里著：生物学を創った人々．みすず書房、2000．6) 長野敬著：生物学の旗手たち．講談社、2002．7) ネストール・ルハン著、日経メディカル編：天才と病気．日経BP社、2002．

生命科学への道、DNAの発見
——科学の発展に関心を抱いたダリ

「ヒットラーが女になった夢をみた。肌は白く、私は恍惚とした。水溜まりに座って編み物をするヒットラー似の乳母を描いた」と、1937年3月友人宛の手紙にしたためた。妻ガラを生涯描き続けたスペインの画家サルバドル・ダリの性的志向は、異性愛より同性愛が強かった。

19世紀末から20世紀初頭にかけ、生物学に目覚ましい発展がみられた。細胞質から核物質を分離・純化して、"ヌクレイン"と命名し、"ヌクレイン"のような大きく複雑な物質は遺伝物質として働く可能性が潜むと、スイスの生化学者フリドリッヒ・ミーシャが1871年の論文で指摘した。50年間、見向きもされなかった。1928年、イギリスの病理学者フレデリック・グリフィスは、生きた無害な肺炎双球菌を皮下注されたネズミが翌日死亡したのを観察し、変種が生じたためと結論づけた。1931年、アメリカ・ロックフェラー研究所の科学者オズワルド・テオドア・エイブリーがその結果に注目し、彼のチームは肺炎双球菌に変種をもたらす物質本体の追求に長年没頭した末、1944年"本体はDNA"と『実験医学ジャーナル』2月号に発表した。

イギリス海軍研究所でレーダーや磁気機雷の開発に携わっていた物理学者フランシス・クリックは、X線回折で蛋白質の分子構造解明を目指して、1949年ケンブリッジ大学キャベンディシュ研究所へ移った。アメリカ・インディアナ大学で1950年学位を得、遺伝子の本体DNAの分子構造の謎解きに心を奪われていた生物学者ジェームス・ワトソンは、翌年23歳の時にクリックと出会った。物理化学者ライナス・ポーリングの論文で、蛋白質構造の一部が解明され、アミノ酸が1本の鎖につながって螺旋状なのを知り、2人は興奮した。ポーリングが三次元模型を駆使し、その最終チェックにX線回折を用いたことにヒントを得、同じ手法でDNAの構造解明に着手した。研究所では、生物物理学者モーリス・ウィルキンズとX線結晶学者ロザリンド・フランクリンがX線回折を用い、DNAの構造研究に従事していた。フランクリンは、1951年11月、DNAが相互に反対方向に走る2本の鎖である証拠をもち、翌年3月、DNAの螺旋状を示唆するX線写真を得ていた。1953年2月、クリックとワトソンは塩基を内側に向け、一方の鎖から出るチミンとシトシン、他方の鎖から出るアデニンとグアニンが結合する模型を作成した。ウィルキンズが議論に加わり、フランクリンが撮ったDNAのX線回析写真を2人に見せた。構築してきた理論の決定的証拠と確信し、1953年4月25日、雑誌『ネイチャー』にDNAの"二重螺旋模型"を発表し、DNAの発見を告げた。わずか1ページの論文が、生物学史上20世紀最大の発見となり、分子生物学を大きく発展させ、1962年度ノーベル生理学・医学賞がクリック、ワトソン、ウィルキンズに与えられた。

科学の発展に関心の強いダリは、多くの科

● サルバドル・ダリ（1904-1989）
2002年にチャドからダリに関連した小型シート2種が発行された。一種は彼の肖像のみ、もう一種は同じ肖像1点と彼の作品5点の6枚の切手からなるシートである。いずれのシートも、ここに採録した肖像が切手となっている。（Scottカタログ 951／原寸の1.25倍）

● フランシス・クリック（1916-2004）
1955年にギアナから「ノーベル賞100年記念」として、1シートに9名が6種と、1名が載ったシートの計7種のシートが発行された。その一つに、ここに紹介するクリックの肖像が描かれている。（Scottカタログ 3010, A233／原寸の1.09倍）

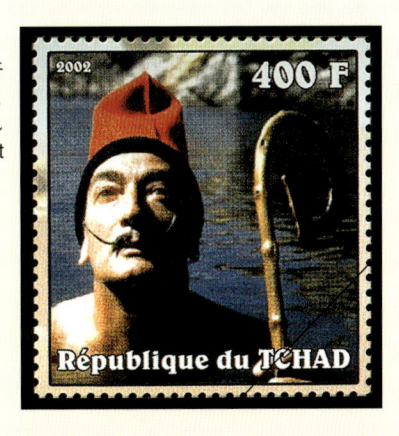

● ジェームス・ワトソン（1928- ）
1999年にパラオから「20世紀の科学と医学の進歩」として、1シートあたり4枚の切手からなる小型シート6種が発行された。その一つにワトソンの肖像が描かれている。ちなみに、他のシートにクリック、ウィルキンズの肖像も描かれている。（Scottカタログ 558, A163／原寸の1.39倍）

学者と交際し、その中にクリックとワトソンもいた。1962年、ニューヨークでダリは2人の科学者と昼食をともにし、2人のためにエンドウ豆のピューレを注文した。デオキシリボ核酸に富み、場に相応しいという理由だった。1970年代はじめ、ダリはトラヤヌス帝記念円柱の描かれた銅版画を手に、「ローマ人は遺伝子を予見していて、これはDNAの二重螺旋じゃないか！」とまくしたてた。版画家の過ちで、彫られた銅版画は実際の状況とは異なり、円柱表面の螺旋模様と螺旋階段があたかもDNAの二重螺旋様を呈していた。

1981年頃から、パーキンソン病で満足に絵筆のとれなくなったダリは、1989年1月23日、心臓発作に見舞われ、故郷スペインのカタルーニャ・フィゲラスで亡くなった。84歳、フィゲラスのガラ・ダリ劇場美術館に生前通りの姿で埋葬された。

［参考資料］1) Jame D. Watson : The Double Helix ― A personal account of the discovery of the structure of DNA ―. Atheneum, 1968. 2) R・J・デュボス著、柳沢喜一郎訳：生命科学への道―エイブリ教授とDNA―. 岩波現代選書、岩波書店、1979. 3) 三浦賢一著：ノーベル賞の発想. 朝日選書、朝日新聞社、1990. 4) ウルパート・リチャーズ著、牧野賢治訳：科学に魅せられた人びと. 東京化学同人、1991. 5) メレディス・イスリントン・スミス著、野中邦子訳：ダリ. 文芸春秋、1998. 6) 竹内均編：科学の世紀を開いた人々（下）. ニュートンプレス、1999. 7) マイヤー・フリードマン、ジェラルド・W・フリードランド著、鈴木邑訳：医学の10大発見―その歴史の真実―ニュートンプレス、2000. 8) 中村禎里著：生物学を創った人々. みすず書房、2000. 9) モーリス・ウィルキンズ著、長野敬、丸山敬訳：二重らせん 第三の男. 岩波書店、2005.

「体液病理学説」から変遷と発展の「内分泌学」
――ケネディを蝕んだアジソン病

　1962年10月28日、"対決は終った"と、ソ連首相ニキータ・セルゲヴィチ・フルシチョフの手紙が届いた。大統領就任早々の外交の躓き「キューバ・ミサイル危機」は、辛くも回避しえた。第35代アメリカ大統領就任の1961年1月20日は、ジョン・フィッツジェラルド・ケネディ43歳にとって、栄光と苦悩の1000日の始まりだった。

　内分泌学の源流"体液病理学説"は、約2500年前のギリシャ思想に基づくが、1846年オーストリアの病理学者ルドルフ・ルードヴィッヒ・カール・ウィルヒョウの"細胞病理学説"の台頭で途絶えた。ウィルヒョウ没の1902年、イギリス・ロンドン大学の生理学者ウィリアム・マドック・ベイリスとアーネスト・ヘンリー・スターリングが復活させた。膵臓に瘻管を設けた犬の実験を重ねた二人は、得た膵液抽出物を"セクレチン"と命名した。発端は、ロシア・ペテルスブルグ大学イワン・ペトロビッチ・パブロフ教授一派の消化腺分泌機序の研究に辿りつく。二人は特定の組織・腺で生成後に血液内に放出された化学物質が、標的器官へ化学情報を伝え、特有な効果をもたらすものを"ホルモン"と命名した。"活動状態にする"というギリシャ語の動詞"hormaein"に由来し、"ホルモン"を分泌する腺は内分泌腺と呼ばれ、内分泌学という新分野の発展素地が整った。

　1897年、アメリカのパークデビス製薬会社が胃腸薬"タカジアスターゼ"を発売した。麹菌で強力な消化酵素ジアスターゼの抽出に成功した化学者高峰譲吉に、機能不明の臓器から化学物質抽出の研究依頼が舞い込んだ。研究に没頭した高峰は、1900年ウシ副腎から抽出・結晶化に成功した化学物質を"アドレナリン"と命名。所謂"ホルモン"誕生の第1号と言え、これを端緒にセクレチン、インスリン等の発見が相次いだ。以降、内分泌学の発展は物理学者ロザリン・サスマン・ヤローと医学者ソロモン・バーソンのインスリン・ラジオイムノアッセイ確立に負うところが大きい。

　ハーバード大学時代、アメリカン・フットボール試合中の転倒で負った脊椎の椎間板損傷が、ケネディを生涯苦しめた。1955年10月、ニューヨーク・マンハッタン病院での人工椎間板挿入術後に、激しいショック状態に陥った。重篤なブドウ球菌感染症にも罹患し、4か月後再手術を余儀なくされた。再び、ショック状態に陥り、生体防禦反応の著しい低下に基づくと診断された。原疾患を秘かに追究した医師達は、副腎皮質機能低下を発見し、アジソン病と診断した。以後、コーチゾンの服薬が欠かせないものとなった。

　"アドレナリン"発見後、多くのホルモンが単離・同定された。熾烈を極めた争いは、副腎と関連の深いACTHの放出刺激因子関連の研究だった。アメリカ・ベイラー大学の元

● ジョン・フィッツジェラルド・ケネディ
（1917-1963）
1964年にアメリカから「ケネディ大統領哀悼」の記念切手が発行された。ケネディの肖像と永遠の火が描かれている。（Scottカタログ 1246、A678／原寸の1.59倍）

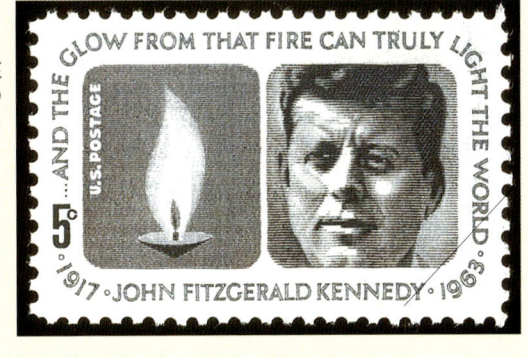

● ロザリン・サスマン・ヤロー（1921-　）
1986年にシエラ・レオネから「ノーベル賞100年記念」として発行された切手で、レシートに女性16人が描かれている。その一人がヤローで、彼女の肖像が描かれている。（Scottカタログ 1844a、A250／原寸の1.32倍）

● 高峰譲吉（1854-1922）
2004年に日本から「科学技術とアニメーション」シリーズ第3集"生"として発行された、5種の切手の一つである。アドレナリンの化学構造とその模型が高峰の肖像と描かれている。（Scottカタログ 2879、A2219／原寸の1.34倍）

同僚、サンディエゴ・ソーク研究所のロジェ・シャルル・ルイ・ギルマン博士とニューオリンズの在郷軍人病院のアンドリュー・ヴィクター・シャリー博士の視床下部関連ホルモンの構造決定で、ブタを用いたシャリーに、ギルマンは羊で対抗した。1969年、甲状腺刺激ホルモン放出ホルモンはほぼ同時、性腺刺激ホルモン放出ホルモンは1971年シャリー一派、ソマトスタチンはギルマン一派が1973年に構造決定を発表し、1勝1敗1分けに終った。1977年のノーベル生理学・医学賞はヤロー、ギルマン、シャリーの頭上に輝いた。

大統領就任僅か2年10か月の1965年11月22日、遊説先テキサス州ダラスでオープンカーのパレード中、狙撃されたケネディは30分後息を引き取った。46歳6か月の若さだった。

[参考資料] 1) 丸山工作編：ノーベル賞ゲーム．岩波書店、1989．2) P・アコス、P・レンシュニック著、須加葉子訳：現代史を支配する病人たち．新潮社、1978．3) ニコラス・ウエイド著、丸山工作、林泉訳：ノーベル賞の決闘．同時代ライブラリー、岩波書店、1992．4) シャロン・バーチュ・マグレイン著、中林桂子監訳：お母さん、ノーベル賞をもらう．工作舎、1996．5) 竹内均編：科学の世紀を開いた人々（上）．ニュートンプレス、1999．6) 飯沼和正、菅野富夫著：高峰譲吉の生涯—アドレナリン発見の真実—．朝日選書、朝日新聞社、2000．7) 山崎幹夫著：歴史の中の化合物—くすりと医療の歩みをたどる—．東京化学同人、2000．8) 高崎通浩著：歴代アメリカ大統領総覧．中央公論新社、2002．9) 越智道雄著：ブッシュ家とケネディ家．朝日新聞社、2003．10) ジョン・F・ケネディ著、高村暢男編訳：ケネディ登場．中央公論新社、2004．

眼科学に進歩をもたらした検眼鏡の発明と白内障の手術
——糖尿病と白内障に苛(さいな)まれたド・ゴール

"抵抗の炎は未だ消えず、否、消してはならない。"1940年ロンドンに亡命し、自由フランスを結成、BBC放送を通してフランス国民に希望と勇気を与え続けた。第二次世界大戦時ドイツ軍の手で陥落したパリが、1944年8月25日解放された。凱旋したシャルル・ド・ゴール将軍は、1945年フランス第四共和国制の首相に就任したが、議会優位の政党政治を批判し、翌年辞任、失意の日々を強いられた。

検眼鏡の発明が、眼科学の進歩に果たした役割は大きい。19世紀に、視覚生理や眼球内部の詳細研究に駆られた一人が、医師ヘルマン・フォン・ヘルムホルツだった。後に、ベルリン大学物理学教授の彼は、瞳孔からの反射光が瞳孔に入った光と同じ道を辿るのを見いだした。凹レンズを用い、観察者の眼の位置を被験者の眼に出入する光線の一直線上に保ち、瞳孔奥の網膜を視ることに成功した。1850年ベルリン物理学会で発表し、翌年小論文に纏(まと)め、その器具を検眼鏡と命名した。検眼鏡を駆使して眼科学の各分野を系統的に追究し、白内障手術をはじめ多くの業績を残して眼科学に著しい発展をもたらしたのは、ドイツの眼科医フリードリッヒ・ウィルヘルム・アルブレヒト・フォン・エルンスト・グレーフェである。

近代的な白内障手術は18世紀中頃、「近代眼科学の父」とされるフランスのジャック・ダヴィエルの水晶体外囊外摘出術に始まる。第二次世界大戦後改良がなされ、水晶体囊内摘出(全摘出)術が普及した。更に、1950〜1960年にかけて開発されたドイツのカールツァイス社の眼底カメラ、スリットランプが手術用顕微鏡の製品化に導き、超音波手術、レーザー手術を可能とし、今日の眼科手術の全盛を迎えた。1980年代には、新しい術式の白内障手術、計画的囊外摘出術による後房レンズの移植が世界的に普及した。後房レンズを残存囊前に挿入することで、術後の眼鏡が不要となった。

ド・ゴールの一生は外敵に加え、病いとの闘いの明け暮れで、長年悩まされたのが糖尿病だった。66歳になった1956年、両眼に白内障を患い、水晶体摘出術を受けた。今日の様に、手術手技、医療器具も発達していなく、術後に部厚いレンズの眼鏡が不可欠であった。しかし、公衆の面前では、決して特製の眼鏡をかけず、話し相手は輪郭のみで、物の影にしか映らなかった。

世界の表舞台にド・ゴールが再び登場したのは、アルジェリア民族解放運動の激化した1958年6月で68歳だった。権力の座に返り咲くと、糖尿病も眼のことも忘れて、精力的に仕事を熟(こな)した。1964年は、大統領就任後最も平穏な年だったが、74歳の肉体には厳しく、幻覚、強迫観念に苛(さいな)まれ、老化は着実

● ヘルマン・ルードヴィッヒ・フルディナンド・フォン・ヘルムホルツ（1821-1894）
1994年に「ドイツアカデミー創立250年記念」としてドイツから発行された切手である。ヘルムホルツの肖像に加えて、医学と物理学の象徴として眼球断面図と三角定規が描かれている。（Scottカタログ 1867、A822／原寸の1.25倍）

● シャルル・ド・ゴール（1890-1970）
1990年にフランスから「ド・ゴール生誕100年」の記念切手が発行された。ド・ゴールの肖像とクロスが描かれている。（Scottカタログ 2207、A1164／原寸の1.33倍）

● ジャック・ダヴィエル（1693-1762）
1963年にフランスから「著名人シリーズ」として発行された6種の切手の一つである。ダヴィエルの肖像と背景の左に盲目者の顔が描かれ、右には術後の成果が図案化されている。（Scottカタログ 8369、SP2207／原寸の1.29倍）

に進んでいた。同年4月17日に、前立腺摘出術を受けた。カナダへ公式訪問中の1967年7月に"ケベック州独立万歳！"と叫び、カナダ人の顰蹙をかっても意に介さなかった彼だが、病魔は確実に彼の身体を蝕んでいった。1969年、憲法改正を国民投票に問うて敗北し、政界からの引退に追い込まれた。

1970年10月、ド・ゴール将軍は数年前から患う解離性動脈瘤による拡散性の痛みを背中に覚え、口にした。同年11月19日、突然心臓外膜近くの動脈瘤が破裂し、フランス解放の巨星が墜ちた。国葬は執り行われず、私邸のあるコロンベイの地に埋葬された、80歳。

[参考資料] 1) P・アコス、P・レンシュニック著、須加葉子訳：現代史を支配する病人たち．新潮社、1978．2) 奥沢康正：白内障手術史（その1）．日本の眼科 63：25-33、1992．3) 三島済一：白内障手術の歴史（1、2、3、4）．臨眼 48：1490-1493、1994；臨眼 48：1654-1657、1994；臨眼 48：1792-1795、1994；臨眼 48：1904-1908、1994．4) S・J・ライザー著、春日倫子訳：診断術の歴史―医療とテクノロジー支配―．平凡社、1995．

人名索引

【ア行】

ドワイト・ディビット・アイゼンハワー
　(Dwight David Eisenhower)　30
ヴィレム・アイントホーフェン
　(Willem Einthoven)　30
レオポルド・アウエンブルッガー
　(Leopold Auenbrugger)　28
アリストテレス（Aristotelés）　44
ヴィクトリア女王（Victoria）　12
モーリス・ウィルキンズ（Maurice Wilkins）　46
ルドルフ・ルードヴィッヒ・カール・
　ウィルヒョウ（Rudolf Ludwig Carl Virchow）
　　　　　8、40、48
ウィルヘルム1世（Wilhelm I）　8
ウィルヘルム2世（Wilhelm II）　8
ホーレス・ウェルズ（Horace Wells）　12
オーガスタス・D・ウォラー
　(Augustus D. Waller)　30
ロバート・バーンズ・ウッドワード
　(Robert Burns Woodward)　32
エメリッヒ・ウルマン（Emmerich Ullman）　22
クリスチャン・エイクマン（Christiaan Eijkman）　24
オズワルド・テオドア・エイブリー
　(Oswald Theodore Avery)　46
ジャン・エネエンヌ・ドミニク・エスキロール
　(Jean Etienne Dominique Esquirol)　38
エリザベス女王（Elizabeth II）　16

【カ行】

ジョセフ・ビアネメ・カヴァントゥー
　(Joseph Bienaime Caventou)　32
アルバート・カルメット（Albert Calmette）　42
アレクシス・カレル（Alexis Carrel）　22
北里柴三郎　42
ロジェ・シャルル・ルイ・ギルマン
　(Roger Charles Louis Guillemin)　49
ジェームズ・クック（James Cook）　14
ジェームズ・クラーク（James Clark）　28
ジョバンニ・バッティスタ・グラッシ
　(Giovanni Battista Grasai)　32

フランシス・クリック（Francis Crick）　34、36
フレデリック・グリフィス（Frederick Griffith）　46
フリードリッヒ・ウィルヘルム・アルブレヒト・
　フォン・エルンスト・グレーフェ
　(Friedlich Wilhelm Albrecht von Ernst Graefe)　50
ジョン・フィッツジェラルド・ケネディ
　(John Fitzgerald Kennedy)　48
カミール・ゲラン
　(Camille Guérin)　42
エンゲルベルト・ケンペル
　(Engelbert Kämpfer)　20
エミール・テオドール・コッヘル
　(Emil Theodor Kocher)　10、22
ロベルト・コッホ（Robert Koch）　42
ジェームス・バートラム・コリップ
　(James Bertram Collip)　4
ミハイル・セルゲエヴィチ・ゴルバチョフ
　(Mikhail Sergeevich Gorbachyov)　17

【サ行】

マーガレット・サッチャー（Margaret Thatcher）　16
ジョルジュ・サンド（George Sand）　28
フィリップ・フランツ・フォン・シーボルト
　(Philipp Franz von Siebold)　20
エドワード・ジェンナー（Edward Jenner）　14
チャールズ・ジャクソン
　(Charles Thomas Jackson)　12
アンドリュー・ヴィクター・シャリー
　(Andrew Victor Schally)　49
ジャン・マルタン・シャルコー
　(Jean Martin Charcot)　38
クララ・シューマン（Clara Schumann）　10
ロベルト・シューマン（Robert Schumann）　10
フレデリック・フランソア・ショパン
　(Frédéric François Chopin)　28
ジェームズ・ヤング・シンプソン
　(James Young Simpson)　12
杉田玄白　20
ヨーゼフ・スコーダ（Joseph Skoda）　28
鈴木梅太郎　24

イオシフ・スターリン（Iosif Stalin）	2、26	ジョン・デズモンド・バナール	
アーネスト・ヘンリー・スターリング		（John Desmond Bernal）	16
（Ernest Henry Starling）	48	イワン・ペトロビッチ・パブロフ	
アルバート・ブルース・セイビン		（Ivan Petrovich Pavlov）	48
（Albert Bruce Sabin）	26	ジョン・ハンター（John Hunter）	14
アルベルト・フォン・ナジラポルト・		フレデリック・グラント・バンティング	
セント＝ジェルジ		（Frederick Grant Banting）	4
（Albert von Nagyrapolt Szent-Györgyi）	34	ノーマン・ヒートリー（Norman Heatley）	2
ジョナス・エドワード・ソーク		樋口一葉	42
（Jonas Edward Salk）	26	オットー・エドゥアルト・レオポルト・	
エミール・ゾラ（Emile Zola）	40	フォン・ビスマルク	
		（Otto Eduard Leopold von Bismarck）	8
【タ行】		ジェームズ・ヒップス（James Phipps）	14
チャールズ・ダーウィン（Charles Darwin）	44	アドルフ・ヒトラー（Adolf Hitler）	18、46
ジャック・ダヴィエル（Jacques Daviel）	50	フィリップ・ピネル（Philippe Pinel）	38
高木兼寛	24	ジョルジュ＝ルイ・ルクレール・ビュフォン	
高峰譲吉	48	（Georges＝Louis Leclerc Buffon）	44
サルバドル・ダリ（Salvador Dali）	46	テオドール・ビルロート（Theodor Billroth）	10
ロバート・タルボー（Robert Talbor）	32	ジャン・アンリ・ファーブル（Jean Henri Fabre）	36
エルンスト・ボリス・チェイン		エミール・フィッシャー（Emil Fischer）	24
（Ernst Boris Chain）	2、16	ヨハネス・ブラームス（Johannes Brahms）	10
ウィンストン・チャーチル		ロザリンド・フランクリン（Rosalind Franklin）	46
（Winston Churchill）	2、26	フランシスコ・フランコ（Francisco Franco）	18
チャールズ2世（Charles II）	32	ニキータ・セルゲヴィチ・フルシチョフ	
チャールズ・スペンサー・チャップリン		（Nikita Sergejevich Khrushchjov）	48
（Charles Spencer Chaplin）	18	テオドール・フレーリッヒ（Theodore Frölich）	34
シャルル・ド・ゴール（Charles de Gaulle）	50	アレキサンダー・フレミング	
カール・ピェーテル・トゥーンベリ		（Alexander Fleming）	2、16
（Carl Peter Thunberg）	20	ジークムント・フロイト（Sigmund Freud）	6、38
アルフレッド・ドレフュス（Alfred Dreyfus）	41	ハワード・ウォルター・フローリー	
レナード・トンプソン（Leonard Thompson）	4	（Howard Walter Florey）	2、16
		カシミール・フンク（Kazimierz Funk）	24
【ナ行】		ウィリアム・マドック・ベイリス	
ナポレオン・ボナパルト（Napoléon Bonaparte）	14	（William Maddock Bayliss）	48
		チャールズ・ハーバート・ベスト	
【ハ行】		（Charles Herbert Best）	4
ウォルター・ノーマン・ハース		ノーマン・ベチューン（Norman Bethune）	18
（Walter Norman Haworth）	34	アーネスト・ミラー・ヘミングウェイ	
ソロモン・バーソン（Solomon Berson）	48	（Ernest Miller Hemingway）	4
フランク・マクファーレン・バーネット		マシュー・ガルプレイス・ペリー	
（Frank Macfarlane Burnet）	22	（Matthew Calbraith Perry）	20
ニコラス・C・パウレスコ（Nicolas C. Paulesco）	4	チャールズ・ベル（Charles Bell）	40
ルイ・パスツール（Louis Pasteur）	36	ピエール・ジョセフ・ペルティエ	

（Pierre Joseph Pelletier）　　32
クロード・ベルナール（Claude Bernard）　40
ヘルマン・ルードヴィッヒ・フルディナンド・
フォン・ヘルムホルツ
　　（Hermann Ludwig Ferdinand von Helmholtz）　50
ライナス・ポーリング（Linus Pauling）　34、46
ドロシー・クロフォート・ホジキン
　　（Dorothy Crowfoot Hodgkin）　16
フレデリック・ゴーランド・ホプキンス
　　（Frederick Gowland Hopkins）　24
アクセル・ホルスト（Axel Holst）　34
ポール・ダドレイ・ホワイト
　　（Paul Dudley White）　30

【マ行】
グスタフ・マーラー（Gustav Mahler）　6
前野良沢　20
ジョン・ジェームス・リッカード・マクラウド
　　（John James Rickard Macleod）　4
フランソワ・マジャンディ（François Magendie）　40
パトリック・マンソン（Patrick Manson）　32
フリドリッヒ・ミーシャ（Friedrich Miescher）　46
ヘンリー・ムーア（Henry Moore）　16
ピーター・ブライアン・メダワー
　　（Peter Brian Medawar）　22
グレゴール・ヨハン・メンデル
　　（Gregor Johann Mendel）　44
トーマス・ハント・モーガン
　　（Thomas Hunt Morgan）　44
ウィリアム・トーマス・グリーン・モートン
　　（William Thomas Green Morton）　12
ギー・ド・モーパッサン（Guy de Maupassant）　38
森林太郎（森鷗外）　24、42

【ヤ行】
ロザリン・サスマン・ヤロー
　　（Rosalyn Sussman Yalow）　48

カール・グスタフ・ユング（Carl Gustav Jung）　6

【ラ行】
タデウシュ・ライヒシュタイン
　　（Tadeusz Reichstein）　34
シャルル・ルイ・アルフォンス・ラヴラン
　　（Charles Louis Alphonse Laveran）　32
ルネ・テオフィル・ヤサント・ラエンネック
　　（René Théophile Hyacinthe Laënnec）　28
ジャン・バティスト・ピエール・アントワーヌ・
ド・モネ・ラマルク（Jean Baptiste Pierre
　　Antoine de Monet Lamarck）　44
カール・ラントシュタイナー（Karl Landsteiner）　18
ユストゥス・フォン・リービッヒ
　　（Justus von Liebig）　36
ガブリエル・リップマン（Gabriel Lippmann）　30
ジェイムズ・リンド（James Lind）　34
チャールズ・オーガスト・リンドバーグ
　　（Charles Augustus Lindbergh）　22
カール・フォン・リンネ（Carl von Linné）　20
ルイ14世（Louis XIV）　32
トマス・ルイス（Thomas Lewis）　30
リチャード・ルイソン（Richard Lewisohn）　18
アンナ・エレノア・ルーズベルト
　　（Anna Eleanor Roosevelt）　26
フランクリン・デラノ・ルーズベルト
　　（Franklin Delano Roosevelt）　2、26
カール・フロイヘル・フォン・ロキタンスキー
　　（Karl Freiherr von Rokitansky）　8
ロナルド・ロス（Ronald Ross）　32
クロフォード・ウィリアムソン・ロング
　　（Crawford Williamson Long）　12

【ワ行】
セルマン・アブラハム・ワックスマン
　　（Selman Abraham Waksman）　42
ジェームズ・ワトソン（James Watson）　34、46

著者略歴

堀田　饒（ほった　にぎし）

1964年名古屋大学医学部卒業。1968年からカナダ政府奨学金にてカナダトロント大学医学部生理学教室、バンティング＆ベスト研究所へ2年間留学。1971年名古屋大学大学院医学研究科修了、医学博士取得。名古屋大学医学部第三内科学講座および名古屋大学大学院医学研究科代謝病態内科学教授を経て、現在、労働者健康福祉機構中部労災病院院長。専門は内分泌・代謝、特に糖尿病とその合併症。現在、日本糖尿病学会理事をはじめとして多くの役職にあり、世界糖尿病連盟（IDF）の副会長。

1992年日本糖尿病学会ハーゲドーン賞、1999年日本糖尿病合併症学会 Expert Investigator Award、2002年 Juvenile Diabetes Research Foundation International, Mary Jane Kugel Award を受賞。

〔著書〕『内科学』（共著、朝倉書店）、『今日の内科学』（共著、医歯薬出版）、『臨床治療学』（共著、医学書院）、『糖尿病の診療』（共著、新興医学出版）、『糖尿病性神経障害 ―ポリオール代謝と最近の進歩―』（共著、現代医療社）、『糖尿病の分子医学』（共著、羊土社）、『糖尿病 ―予防と治療のストラテジ―』（共著、名古屋大学出版会）、ほか。

〔訳書〕マイケル・ブリス『インスリンの発見』（朝日新聞社）、ジェローム・J・ベルナー『疾患と臨床検査』（共訳、医歯薬出版）など。

切手にみる病と闘った偉人たち

2006年9月25日第一版第一刷発行

著　者　堀田　饒
発行所　ライフサイエンス出版株式会社
　　　　〒103-0024　東京都中央区日本橋小舟町11-7
　　　　TEL 03-3664-7900（代）　FAX 03-3664-7734
　　　　info@lifescience.co.jp
　　　　http://www.lifescience.co.jp/
印刷所　三報社印刷株式会社

Printed in Japan
ISBN4-89775-214-0 C3047
© Nigishi Hotta 2006